U0176132

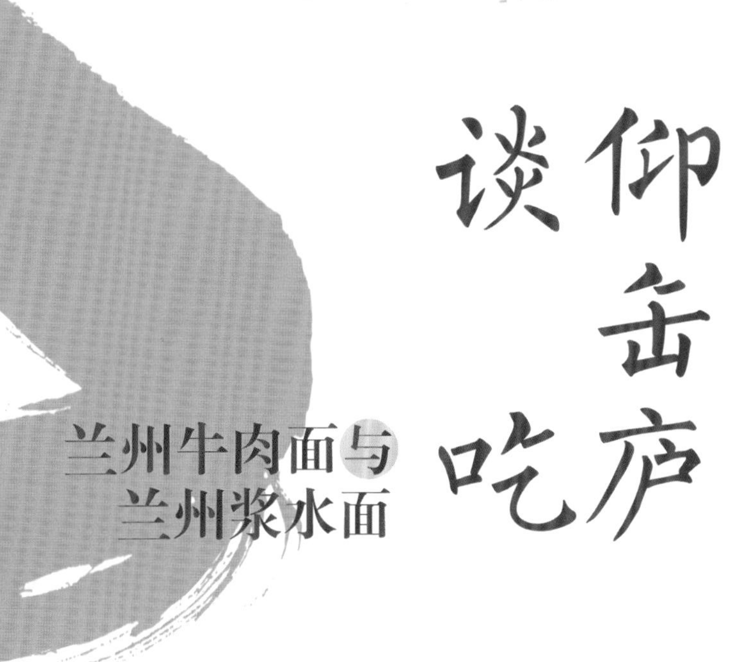

仰岳庐谈吃

兰州牛肉面与兰州浆水面

刘一正◎著

中国商业出版社

图书在版编目（CIP）数据

仰缶庐谈吃 . 兰州牛肉面与兰州浆水面 / 刘一正著 .
-- 北京 : 中国商业出版社 , 2020.10
ISBN 978-7-5208-1252-8

Ⅰ . ①仰… Ⅱ . ①刘… Ⅲ . ①饮食—文化—中国②面条—饮食—文化—兰州 Ⅳ . ① TS971

中国版本图书馆 CIP 数据核字 (2020) 第 168947 号

责任编辑：刘毕林

中国商业出版社出版发行
010-63180647 www.c-cbook.com
（100053 北京广安门内报国寺 1 号）
新华书店经销
北京市京东印刷厂印刷
*
710 毫米 ×1000 毫米 16 开 9.25 印张 126 千字
2020 年 10 月第 1 版 2020 年 10 月第 1 次印刷
定价：80.00 元
* * * *
（如有印装质量问题可更换）

打开兰州市人民政府官网“走进兰州”之页，在“文化兰州•城市名片”一栏中，赫然写着“一本书”“一碗面”“一条河”。

这其中的一碗面指的就是“兰州牛肉面”。

兰州牛肉面早已成为兰州市民日常生活中离不开的一味吃食，几乎每个兰州人每天的生活都是从吃上一碗牛肉面开始的。

兰州牛肉面可以说是兰州这座既古老而又现代化城市的一张名片。

全国有许多的地方小吃虽都冠以“××牛肉面”，但在全国人民心中叫得最响、知名度最高的依旧是“兰州牛肉面”。

我以为，兰州牛肉面独特之处有三：一是浇面用的牛肉汤；二是牛肉面之面的做法；三是制作牛肉面的这群人。

制作牛肉汤，以前多用产自甘南地区的牦牛肉或犏牛肉。牦牛是青藏高原的特产，营养丰富、肉香味美。现在除青海及甘南少部分人制作的牛肉汤还沿用牦牛（犏牛）肉外，兰州等地的人多用黄牛（如平凉红牛、青海民和肉牛）肉制汤。黄牛肉比牦牛肉颜色发红、易烂入味、肉质细嫩，加上制汤方法讲究，使食客欲罢不能。

兰州牛肉面的面，是由人工抻拉而成的。拉面这个活计也是技术含量挺高的一项厨技，不是一般的家庭主妇随便就可以胜任的。由于拉面有别于机械制作的切面、挂面等，所以人们形象地将兰州牛肉面称之为“兰州拉面”。

从事兰州牛肉面工作的人，大多是西北地区的穆斯林群众。穆斯林群众是烹饪牛羊肉的高手，做出的牛肉面味道自然是没得说了。

由此说来，这三个特点成就了兰州牛肉面的与众不同。

兰州人或者西北人为什么每天都离不开牛肉面呢？他们一辈子或者说是大半辈子天天都要吃上一碗牛肉面，为什么就不烦呢？

至于与牛肉面同样深受兰州人喜爱的浆水面又有着怎样让兰州人着迷的魔力呢？

且看《仰缶庐谈吃 · 兰州牛肉面与兰州浆水面》怎么说！

作者

2020年9月

目录

兰州牛肉面

兰州浆水面

中国书法家协会第三、第四届主席沈鹏恩师
为作者美食著作题签："仰岳庐谈吃"。

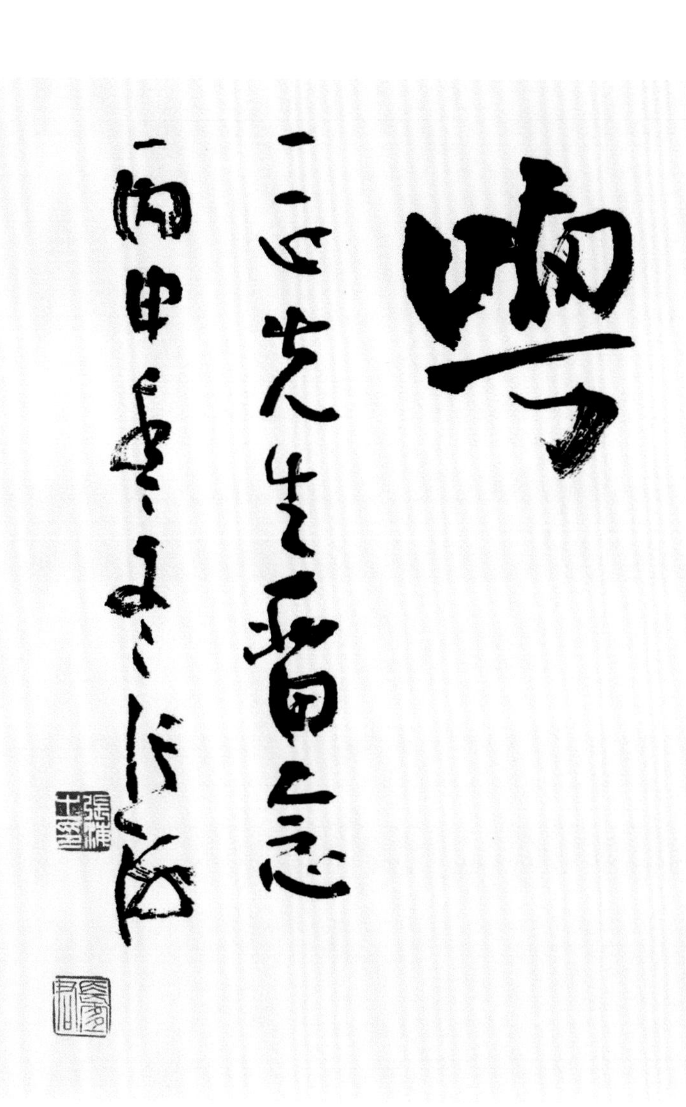

中国书法家协会第五、第六届主席张海教授为作者美食著作题签：
“仰缶庐谈。张海。”“吃。一正先生留念。丙申年冬，张海。”

中国书法家协会第七届主席苏士澍教授为作者美食著作题词：

“绮肴雕俎。仰缶庐雅嘱。丁酉仲春，苏士澍敬题。”

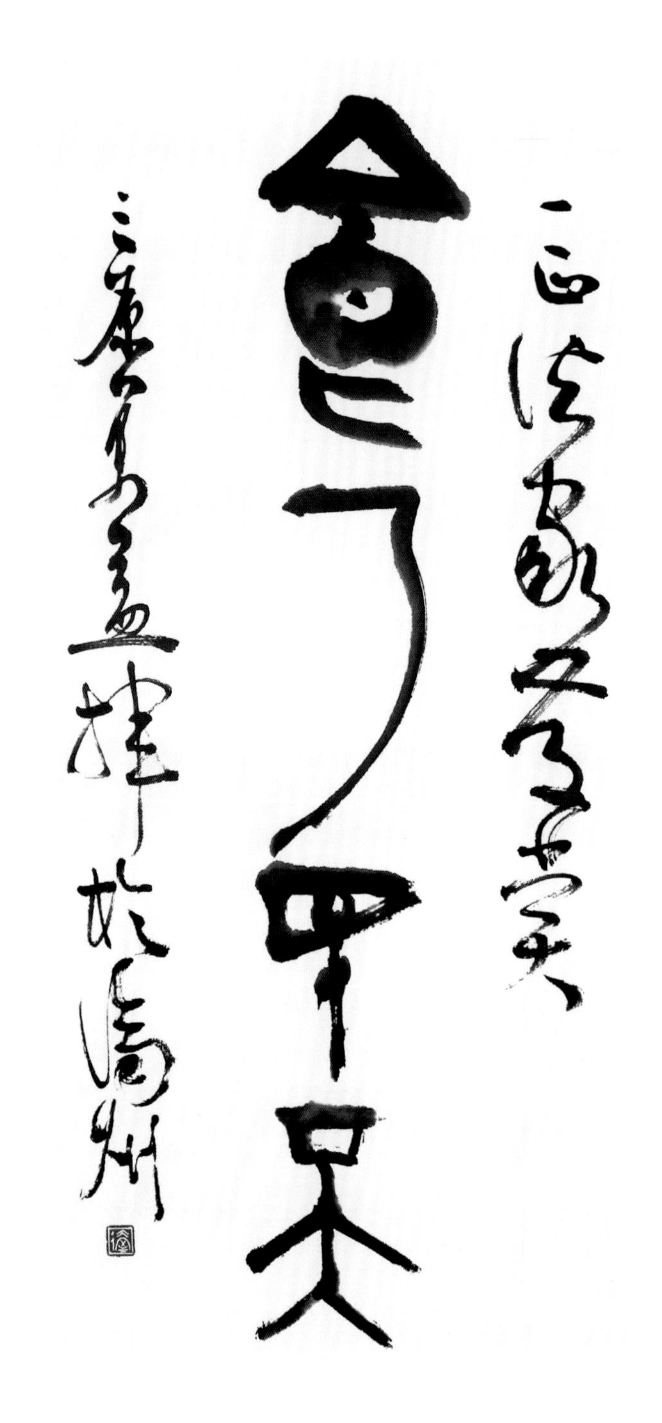

中国书法家协会第七届副主席、甘肃省书法家协会第四届名誉主席翟万益教授为作者美食著作题词："食乃民天。一正法家存赏。三原万益挥于济州。"

翟万益教授为作者美食著作题词：“丰年多黍以为酒食。一正先生雅存。戊戌之冬月，冰室主人于古金城。”

与中国书法家协会第七届副主席翟万益教授在韩国济州岛合影。

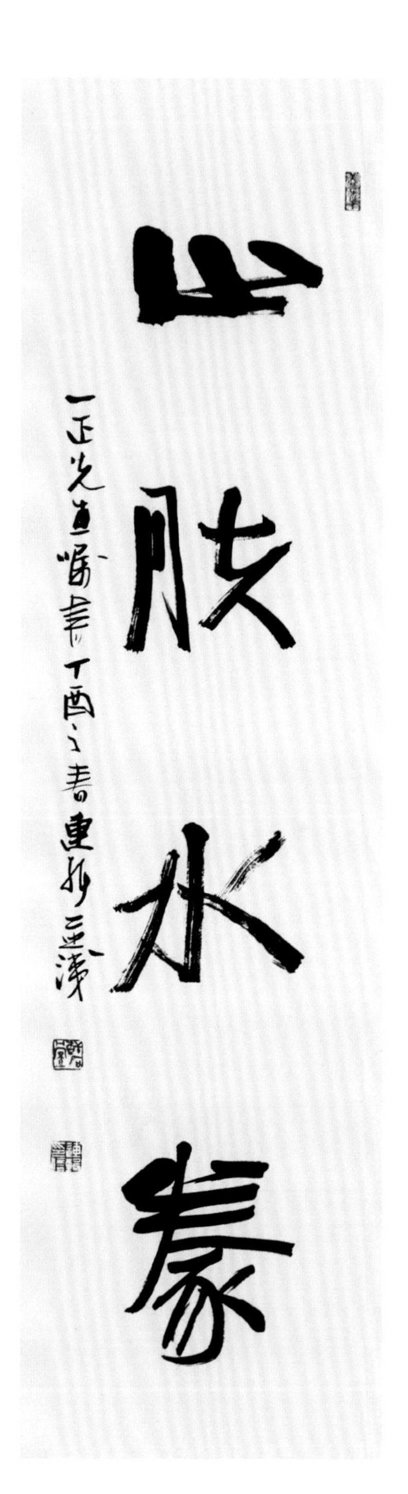

中国艺术研究院原院长、著名书法家连辑博士为作者美食著作题词：“山肤水豢。一正先生嘱书。丁酉之春，连辑并识。”

兰州牛肉面

（兰州牛肉拉面）

中国作家协会第九届副主席贾平凹先生为作者美食著作题词：“味道。平凹题。一正存。”

兰州人把甘肃省以外的人所称之“兰州牛肉拉面”叫作“兰州牛肉面”，或只叫“牛肉面”“牛大碗”，对甘肃省以外的人所称之“某某拉面（馆）”则只叫“某某牛肉面（馆）”，如“马子禄牛肉面（馆）”“金鼎牛肉面（馆）”等。兰州牛肉面一出甘肃省，人们则称之为“兰州牛肉拉面”了。有较真儿的兰州人说：“兰州只有‘兰州牛肉面’，没有什么‘兰州牛肉拉面’。”

著名画家赵保民先生为作者绘《仰岳庐著书图》

一、印象之汤

兰州牛肉面的重点是浇在牛肉面上的牛肉汤，它是兰州牛肉面的灵魂。

观察一个人是不是吃兰州牛肉面的行家，是不是所谓的“牛大控”，就看他吃牛肉面的碗，如果只吃面，不喝汤，那他绝对不会吃牛肉面，只有把碗里牛肉面的汤全喝了的食客才是真正会吃牛肉面的西北人。

兰州牛肉面有“一清、二白、三红、四绿、五黄”之说：

一清，浇在牛肉面上的牛肉汤，清而不浊；

二白，放在牛肉面中的白色萝卜片；

一王同志留念

自强不息

杨绛敬题

著名作家杨绛先生为作者题词

三红，漂在牛肉面上的红色辣椒油；

四绿，撒在牛肉面中的蒜苗、香菜等蔬菜的颜色；

五黄，面条的颜色光润黄亮（也有说“五香”的，指出锅的牛肉面鲜香味美）。

看一家牛肉面馆的牛肉面是否做得地道，同样也看碗里的汤，汤若浑浊，说明这家牛肉面馆的牛肉面不正宗，只有浇在牛肉面上的汤是清清亮亮的才算合格。

作者在杨绛教授家中，将美食著作请杨老哂教

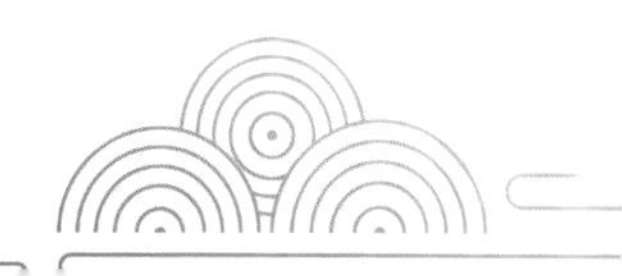

作者在著名烹饪大师伍钰盛先生家中

兰州大街上经营牛肉面馆的招牌很少写有“正宗”两字，正宗不正宗，只要食客进店喝上一小口牛肉汤就全都心知肚明了。

兰州牛肉面所用之汤，是由牛肉及牛骨头熬制而成的。牛肉要选用甘南特产的牦牛肉（犏牛肉）和黄牛肉。甘南海拔高，天然的草场，无污染；甘南牦牛四肢粗短，耐寒，肉质鲜红细嫩、高蛋白、低脂肪，是制作牛肉汤的上好食材。在制作牛肉汤时，还要加入牛肝、羊肝等食材为之增香；有的牛肉面馆在制汤时，还要加入牛骨髓和土鸡、鸡汤等食材，用数十种调料来吊制。

据兰州市人民政府官网“走进兰州·一碗面”《兰州三大名片之一碗面》载，兰州第一家牛肉面馆“月阳楼”是在清初开创的。早年间，客人进牛肉面馆吃牛肉面时，伙计先要给食客免费送上一碗牛肉汤。这“进店一碗汤”，既可使食客先暖一下身子，开开胃，也拉近了店家与食客的距离。

这个传统是由兰州牛肉面的创始人马保子率先推出的。

回族人马保子是做热锅牛肉面起家的。创业之初，马保子在金城肩挑什具走街串巷叫卖热锅子牛肉面，后来他自己开了店，以西北穆斯林群众日常食用的拉条子为基础，创制了为食客喜爱的兰州牛肉面，并由冷锅面改为热锅面。这时的牛肉面是带汤的，汤是用牛肉、牛棒骨、牛肝、羊肝等吊制的。

正宗兰州牛肉面（即含有一清、二白、三红、四绿、五黄的特点）的诞生时间是1915年，制作第一碗兰州牛肉面的人，便是马保子。

1919年，马保子在兰州“东城壕”开了第一家兰州牛肉面馆。

1946年，兰州牛肉面开始走出兰州，走出甘肃，迈向全国。

中国书法家协会第六届副主席胡抗美教授为作者美食著作题词：“雕盘绮食。一正先生嘱。抗美书。”

有关马保子在兰州开的清汤牛肉面馆，著名美食家唐鲁孙曾在《清醥肥羜忆兰州》一文有具体的记载，其中对牛肉面各种规格、当时的叫法等都有谈及。兹录于下：

民国二十一年……我们去西北考察，在上海出发之前，就听说兰州有一家天下闻名的牛肉面馆，叫“马保子”，这家小面馆就开在省府广场左首，走几步就到。……既到兰州，当然要去尝尝，又有水、黄两位向导，招呼得自然特别殷勤周到。马保子是一座没有招牌不挂门匾的砖砌的小楼，楼上待客，摆了

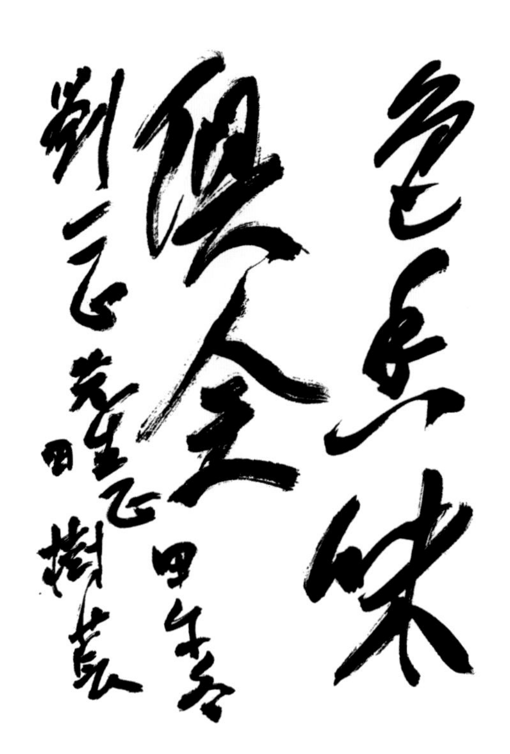

中国书法家协会第三、第四届理事田树苌先生为作者美食著作题词：“色香味俱全。刘一正先生正。甲午冬，田树苌。”

几张小八仙桌、几把矮条凳儿，墙上倒是挂了不少名人写的对联条幅。除了碗筷、油瓶、醋罐之外，空无所有。这家小店世代相传，已有百年以上历史，所以楼梯扶手、方桌板凳都磨得锃光瓦亮，楼下厨房倒是收拾得挺干净，灶台旁边有一张长条案，上面放着一团一团有鸭蛋大小揉好的面剂子，放在一边儿醒着，让水面慢慢交融。面醒透了，抻起来圆转自如，吃到嘴里才劲道。他家的抻面共分六种，中常的叫“把儿条”，当地人最欢迎，最细的叫“一窝丝”，又叫“多搭一扣”，是老头儿小孩儿的专用品。薄而扁的叫“韭菜扁儿”，比“把儿条”再粗

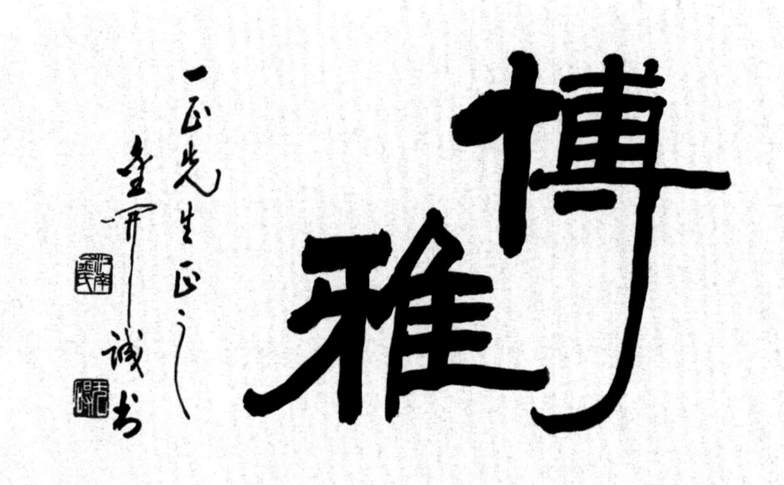

国学大师金开诚先生为作者美食著作题词：“博雅。一正先生正之。金开诚书。”

仰缶廬談吃

申萬勝

中国书法家协会第五、第六届副主席申万胜教授为作者美食著作题签

一点儿的叫“帘子棍儿”。还有“大宽”“中宽”，那就近乎面片儿了。客人喜欢吃哪一种现叫现抻，又快又麻利。厨房里下面的大铁锅里水总是清澄翻滚的，十几碗面同时下锅，或粗或细，有圆有扁，虽然花色繁多，可是有条不紊。……他只用一双长点儿的筷子，一捞一碗不多不少，分量、火候全都恰到好处。最妙的是任凭面条在锅里千翻万滚，但总不混杂，各自为政，从来没有人能在自己碗里挑出两样面条来的。据说这套功夫一要抻得匀，二要甩得快，三要捞得准。这三部曲看来简单，可是想学会这份手艺，手底下利落的也要学上三年才能胜任愉快呢，人家是父传子的生意，还不收外姓徒弟呢！

兰州的牛羊肉，因为风高草劲肉嫩而肥，并且毫无膻气。马保子选肉严格，只用上品腿肉，肥瘦分开，全都切成骨牌块大小，头一天用小火炖了一整夜。绝不中途加水，更不放芹菜、豆芽、味精之类的调味品。所以清醺肥荷，自成馨逸，汤沈若金，一清到底。大约从天蒙蒙亮下板营业，到了十一点一大锅牛肉汤卖完，就上板收市——请各位明日早光啊！

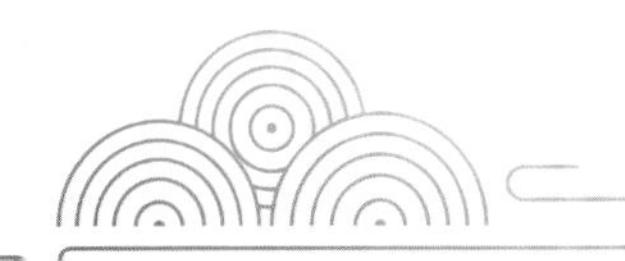

二、此面为君

兰州牛肉面的灵魂是“汤”，核心是“面”。面粉的好坏直接关系到牛肉面的成败。

制作兰州牛肉面所用的面粉当以兰州永登县秦王川及皋兰、白银景泰和靖远等地出产的“禾尚头”（现一般写作“和尚头”）面粉为首选。“和尚头”面粉是出产在秦王川等旱沙地的一种优质小麦，因无芒而得名“禾尚头（和尚头）”。“和尚头”面粉雪白精细，柔韧性好，面筋含量高，做出的牛肉面入口筋道，有嚼劲，面条耐泡且紧而不散，有“扯在手里千条线，下在锅里团团转，捞在碗里莲花瓣，吃进嘴里嚼不断”的赞誉。

著名书画家史国良教授为作者美食著作题词：“妙笔调鼎镬，玉箸写文章。贺一正先生新书出版。国良题。”

据传，“和尚头”面粉在明清时就是贡品，在西北地区享有较高的声誉，产量较低，远远满足不了兰州牛肉面市场的巨大需求，故现在多选高筋牛肉面专用粉，如塞北雪（塞北雪二号面粉）、宏基、双福、中桦雪、丹富等品牌（凡符合GB1355的标准面粉就行）。

面粉是否适合制作兰州牛肉面，应从以下八个方面来甄别（以下八个方面摘自《兰州拉面的专用面粉生产》一文）：

一是面粉的色泽；二是面筋含量和面筋指数；三是粉质拉抻指数；四是面条的口感和色泽；五是面条的耐泡度；六是面条的出碗数；七是面团的可操作性（兰州牛肉面面粉在和面、揉面、抻面等手工环节比较容易完成而不费力气，同时需保证面条的质量）；八是面条的轻重（面条煮出来捞入碗中，加入牛肉汤后面条沉浮的情况）。

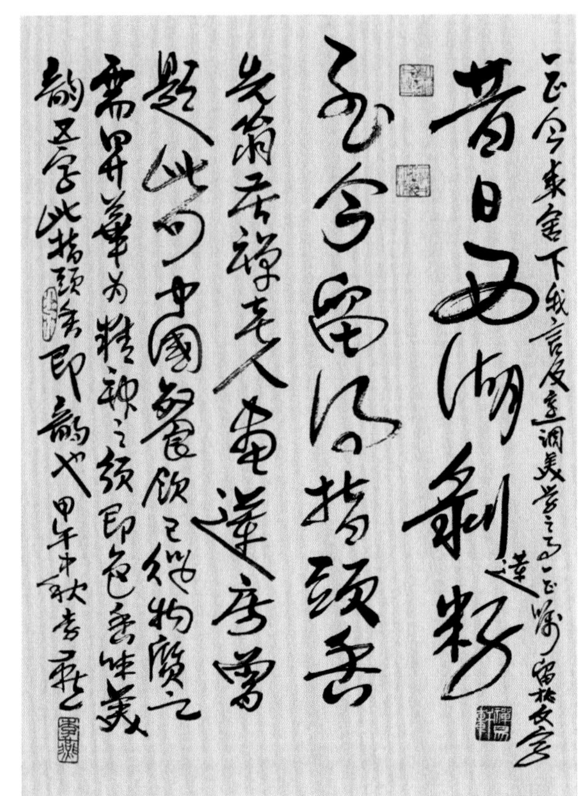

国画大师李苦禅先生之子、著名书画家、清华大学美术学院李燕教授为作者美食著作题词："昔日西湖剥莲籽，至今留得指头香。一正今来舍下，我言及烹调美学之事，一正嘱留此文字。先翁苦禅老人画莲房曾题此句。中国餐饮已从物质之需升华为精神之须，即色、香、味、美、韵五字。此指头香即'韵'也。甲午中秋，李燕。"

选择好面粉后，制作兰州牛肉面要经过"和面""揉面""打灰（加入蓬灰水）""饧面""揪面剂（面团分剂）""抻面"等环节。

"和面"、"揉面"和"打灰"这三个环节往往会连在一起进行。

■ 打灰

灰即蓬灰。先从"打灰"说起。

著名书画篆刻家曹心源教授为作者绘《仰岳庐著书图》

兰州牛肉面讲究用皋兰产的蓬灰。有的地方把蓬灰叫作“臭蓬蒿”“碱蓬”“蓬草”“灰蓬”“沙蓬”“旱蓬”“水蓬”“飞蓬”“蓬柴”等，没加工燃烧成灰前叫“蓬草”“蓬蓬草”，是一种生长在丘陵、山地、荒滩的草本植物，纯是生长在大西北的一种野草。无论盐碱沙滩、山涧沟壑还是田间地头、大漠戈壁均有出产。蓬灰含碱量较高，其主要成分是碳酸钾，分子式是K_2CO_3，分子量是138。

蓬灰作为兰州牛肉面里的使用剂，其功能是增加牛肉面的“筋道”口感，使面条有嚼劲。

甘肃还有一味小吃也使用蓬灰水作为添加剂，它就是武威的特色美食“面皮子（酿皮）”。

面皮子又叫“酿皮子”，兰州人将“酿（niàng）皮子”读作“酿（ràng）皮子”。

酿皮子为西北地区独特的风味小吃，西北各地都有。如“兰州酿皮”“武

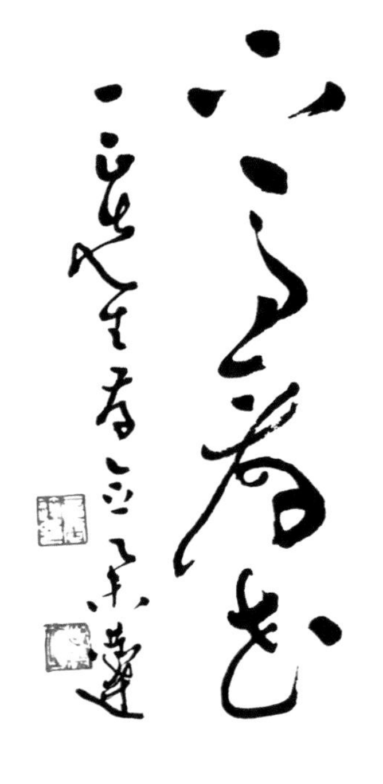

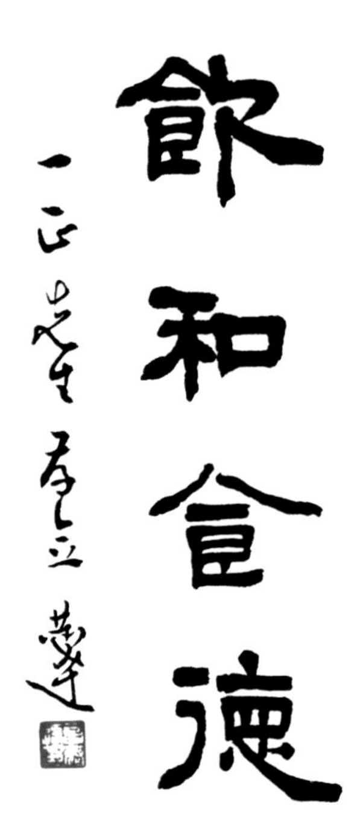

中国书法家协会第五、第六届副主席言恭达教授为作者美食著作题词:“下马看花。一正先生存佥(签)。乙未,恭达。”及“饮和食德。一正先生存佥(签)。恭达。”

威酿皮”“天水酿皮”“民和酿皮”“临夏酿皮”“宁夏酿皮”“乌鲁木齐酿皮”“陕西酿皮”“西安回族酿皮”,等等。

武威面皮子(酿皮)的制作,是将面粉加水揉成面团后,在清水中反复搓洗,使面粉中的蛋白质与淀粉分离。分离出来的蛋白质就是面筋,将它蒸熟就成了气孔充足、松软可口的面筋。剔除面筋的淀粉,沉于水中,待其沉淀在盆底,把上面的清水倒去,加入蓬灰水搅成糊状,放入笼屉蒸熟。食时,分别将蒸熟的面筋和蒸熟的淀粉切成条或块状,加酱油、香醋、蒜汁、辣椒油、萝卜丝、盐等调料拌好后食用。

武威还产一种面皮,特别有名,即“高担酿皮”,据说源于过去挑担卖面皮子的小贩,因其所挑担子高大而得名。高担酿皮有一个特点是既不提取面筋,也不加蓬灰水,食时感觉柔劲儿较强。成品的色泽不如分离出面筋的酿皮

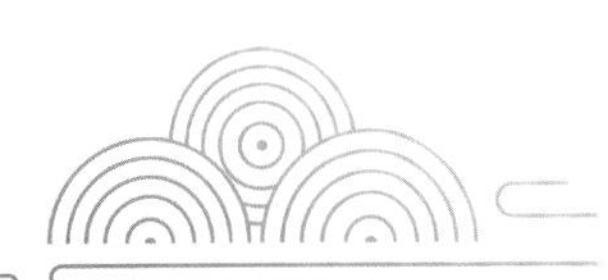

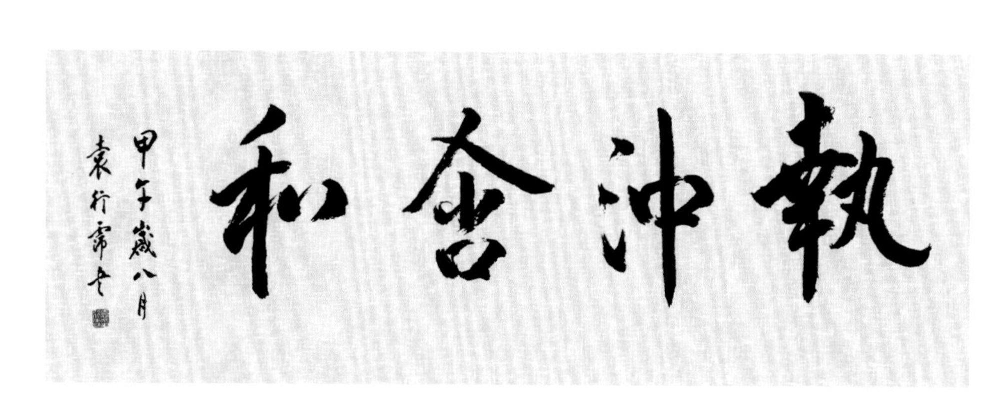

中央文史馆馆长、国学大师袁行霈教授为作者题词："执冲含和。甲午岁八月，袁行霈书。"

颜色金黄，而是呈灰白色，食时还要加上芝麻酱、黄瓜丝、豆芽等配料。

蓬灰作为食品添加剂，在国外也有使用。比如，德国著名的圣诞姜饼Lebkuchen里也加有蓬灰（德文蓬灰写作pottasche）作原料，主要是让它在含糖量高的面团中起到调节酸度的作用。德国圣诞姜饼以纽伦堡圣诞姜饼最为有名，它与纽伦堡香肠同为当地最著名的代表性美食。

如今使用蓬灰水作为食品添加剂的食物还有很多，如西北的蒸馍馍、灰豆汤、面包及糕点等。

炼制蓬灰大多是在深秋季节。人们到长有蓬蓬草的地方，把蓬蓬草一棵一棵地从地里拔下来，摊晒在地上，并选择一个顺风的地方挖一个很大的灶坑，把晒得半干的蓬蓬草塞进灶坑后点燃焚烧，待蓬蓬草燃烧完成灰后就在热灰上洒水，静候。灶坑里

袁行霈教授在阅览作者的美食著作《仰岳庐谈吃》

的蓬蓬草燃烧成灰冷却后就成为硬如石头的蓬灰了。人们用铁锨或是锤子把结了块的灰石撬下来，这时的蓬灰呈块状，颜色发暗绿，像炼化过的玻璃，又似燃烧过的炉渣。

著名烹饪大师康辉先生在为作者美食著作题词

以前市场上出售的蓬灰大多为此种类型。买回来的蓬灰在做牛肉面添加剂之前还需要加工。其加工方法是选择一口大锅，注上清水，将大块的蓬灰凿成小碎块后放入锅中，在火上熬煮，直到块状的蓬灰完全溶化在水中即成。将蓬灰水中的杂质去除就可在和面时使用了。

另外，有的拉面店在煮熬蓬灰时要煮熬三遍水。原因就在于，第一次煮出来的蓬灰水浓度太高，第二次合适，第三次则浓度比较淡。将这三次煮的水混合在一起用，则效果正好。

蓬灰的作用就是我们日常食品添加剂中碱的作用，它是原生态的碱，比人工食用碱要好。

西北人现在还用蓬蓬草代替肥皂和洗衣粉，作为他们日常生活中的洗涤用品。

蓬灰里含有铅、砷等成分，但其含量远远低于国家规定的食品含量标准。

在新疆五家渠的农六师新湖农场，有位名叫田希云的老人，他利用当地盛产的碱蒿子烧制土碱，获“国家级非物质文化遗产·碱蒿子烧制土碱技艺国家级

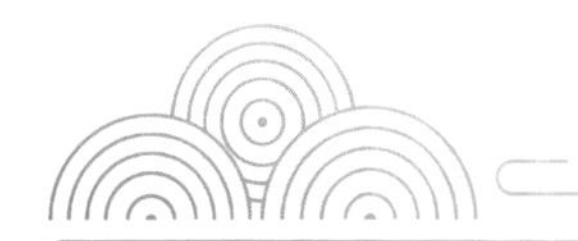

著名作家二月河（凌解放）教授为作者美食著作题词：“人之天，民之天，食为天。二月河给一正先生。”

代表性传承人”之称号。

在新疆的新湖农场和芳草湖农场等西北地区，当地的盐碱地出产一种一年生的草本植物碱蒿子。它靠草籽传播，年复一年地生长，一到冬天，就会枯萎腐烂在地里，来年再生。

碱蒿子的根茎吸收盐碱地里的水分，经过光合蒸腾，盐碱成分留在碱蒿子的枝叶和果实中，人们用烧制碱蒿子的办法，从中提炼天然食用土碱。

碱蒿子嫩苗俗称狼尾（yǐ）巴条，长成后又叫海英菜、碱蒿、盐蒿等，类似的叫法还有盐蓬、盐蒿子、老虎尾、和尚头、猪尾巴等。

当地的人们利用碱蒿子烧制土碱的技艺已有200多年的历史了。碱蒿子炼制后的土碱呈一块一块状的结晶体，很像绿松石。将烧好的土碱打成颗粒状，加水浸泡过滤后放在面里，和成面团，即可做成味美的食品，像当地人爱吃的灰面（俗称“臊子面”）、锅盔等。加入土碱做成的面食，筋道、易消化、好吃。

二月河先生为作者美食著作题词

用碱蒿子烧制后的天然碱是“土碱”，用蓬蓬草烧制后的天然碱也是“土

中国书法家协会第七届理事王厚祥先生为作者美食著作题词：“稻花香里说丰年。一正存。厚祥草草。”

碱”，两者的炼制方式和提取碱水制作食品的方法一样。这两种草本植物都属藜科，碱蒿子为碱蓬属，灰绿碱蓬种；蓬蓬草为盐生草属，白茎盐生草种。这两种植物在我国的华北和西北地区都有分布。

在辽宁省盘锦市的红海滩湿地，亦生长有大量的碱蓬草，当地人称之为“翅碱蓬”“盐蒿”“盐荒菜”“荒碱菜”“盐吸菜”等。本地群众用碱蓬叶做成“碱蓬菜团子”，系地方名食。同时，人们还用碱蓬种子榨油，用碱蓬叶制成凉拌菜、炒菜及羹汤等。这种碱蓬草中文名叫“盐地碱蓬”，是藜科，碱蓬属，盐地碱蓬种。

由于传统兰州牛肉面中使用的蓬灰难以进行标准化操作，对保护生态环境不利，故如今制作兰州牛肉面时已用“拉面剂”即“速溶蓬灰”，替代传统兰州牛肉面中使用的蓬灰。

“拉面剂”是根据天然蓬灰成分，利用食用级氯化钠、碳酸钠、碳酸钾、磷酸盐复配的产品，属于复配添加剂。

“拉面剂”中的纯碱成分可增大面团的吸水率，食盐成分可提高面团的弹性，含硫化合物成分可增强面团的拉抻作用。

有“牛大粉”（指吃兰州牛肉面的粉丝）表示，用传统的蓬灰制作出的牛肉面与用拉面剂制作出的牛肉面一吃就能吃出来，而且用拉面剂做的牛肉面远远不如用传统蓬灰做出的牛肉面香。于是就有精明的商家打出“蓬灰牛肉面”

仰缶庐谈吃

羅哲文題

著名学者、文物专家罗哲文先生为作者美食著作题签

的招牌，吸引那些吃了几十年传统兰州牛肉面的老顾客。

两种牛肉面之所以口味不同，是因为蓬灰的成分为碳酸钾（亦称“钾碱”），而拉面剂的主要成分是碳酸钠（亦称“钠碱”）。无论是碳酸钾还是碳酸钠，主要是对面团起到膨松的作用，宜于面团的拉抻。

碳酸钾的相对分子量是138，而碳酸钠的分子量是105，钾碱的分子量大于钠碱的分子量，碳酸钾比碳酸钠对面团的膨化效果更好，在改善面团的柔软性、延伸性方面会更好一些，拉出的面吃起来更具有爽滑筋道、弹性十足的口感。而且用传统蓬灰作为食品添加剂做出的牛肉面不浑汤，面条呈黄色（“一清、二白、三红、四绿、五黄”之面条黄亮的特点），有一种特殊的香味。

事实上，碳酸

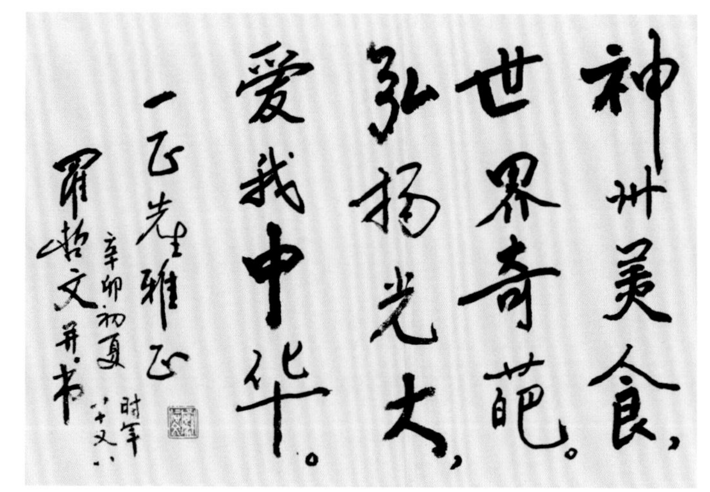

罗哲文先生为作者美食著作题词：“神州美食，世界奇葩。弘扬光大，爱我中华。一正先生雅正。辛卯初夏，时年八十又八，罗哲文并书。”

钾不光是在作为制作兰州牛肉面时使用的添加剂产生特殊风味，它在作为任何食品的添加剂时，都会产生一种特殊的风味。同时，亦能使烹饪出的面食改变原有的色泽和韧性。碳酸钾作为食品添加剂，主要应用范围是面食制品，如馄饨皮、饺子皮、烧麦皮等。

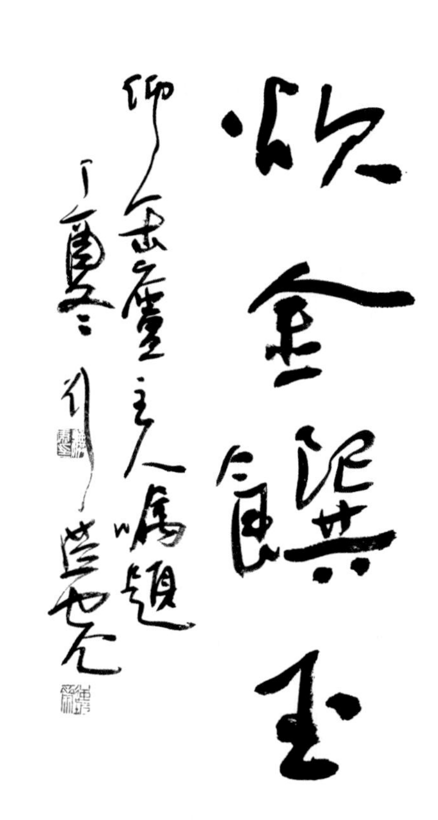

中国书法家协会第七届副主席刘洪彪研究员为作者美食著作题词："炊金馔玉。仰缶庐主人嘱题。丁酉冬，刘洪彪。"

碳酸钾是溶水性物质，水溶后呈碱性，吸湿性强。用燃尽的蓬草灰放在水中溶解提取碳酸钾，也正是这一道理。

有媒体报道说蓬灰的主要成分是碳酸钠，而非碳酸钾。

2011年《甘肃省平凉市中考理综试题·化学部分》第16题就针对兰州牛肉面使用的食品添加剂蓬灰做了一个化学实验，请考生填写化学实验过程中的化学分子式。

用玻璃棒蘸取少量蓬灰溶液，滴在pH试纸上，与标准比色卡对照并读取，根据实验现象pH>7，可知蓬灰溶液呈碱性。

用铂丝蘸取少量蓬灰溶液并燃烧进行焰色反应，观察火焰颜色，火焰呈紫色，可知蓬灰中的主要金属元素为钾元素。因为钠离子的焰色反应为黄色，如果蓬灰中含有大量钠离子，火焰的颜色应该呈黄色。

中国美术家协会第七、第八届副主席许钦松教授为作者美食著作题词：“开卷有益。一正兄。许钦松。”

检验CO_3^{2-}方法，取少量蓬灰固体于试管中，向其中加稀盐酸，将生成的气体通入澄清的石灰水中，石灰水变浑浊，说明蓬灰中含有CO_3^{2-}，即碳酸根离子。

通过这个化学实验，证明蓬灰的主要成分为“碳酸钾”。

碳酸钾的提取方法有很多，如草木灰法、吕布兰法、电解法、离子交换法等。

从蓬草中获取碳酸钾用草木灰法，也是最古老的方法。

其实，不光是蓬草（蓬蓬草），很多植物如棉籽壳、茶籽壳、桐籽壳、葵花籽壳等烧成草木灰后都可提取碳酸钾。草木灰中除含碳酸钾外，还含有硫酸钾、氯化钾等可溶性盐，用沉淀、过滤的方法可以分离。

碳酸钠Na_2CO_3，又叫苏打、纯碱、洗涤碱，在化学分类上属于盐，不属于碱。它在食品工业的应用中主要起中和剂、膨松剂的作用。如在蒸馒头时加一点儿苏打，可以中和发酵过程中产生的酸性物质；又如胃酸过多时也会吃一点儿小苏打来缓解。

当然，苏打Na_2CO_3和小苏打$NaHCO_3$是“苏打四兄弟”中的两种，还包括

山水皆心地
君子即庖厨
和刘一正共赏
大董

大董先生为作者美食著作题词："山水皆心地，君子即庖厨。和刘一正共赏。大董。"

大苏打$Na_2S_2O_3 \cdot 5H_2O$和臭苏打Na_2S。

苏打用于生产饼干、糕点、馒头、面包等食品，它也是汽水中二氧化碳的发生剂，可与明矾复合为碱性发酵粉，还可用作黄油的保存剂等。

小苏打在用作食品添加剂时，主要用于馒头、油条等食品的制作。常常将小苏打溶水后拌入面中，加热后分解成碳酸钠、二氧化碳和水，二氧化碳和水从面中溢出，可致食品更加蓬松，碳酸钠残留在食品中。比如"碱馍"，俗称碱性馒头，是可以通过多添加小苏打粉蒸出来的。

■和面、揉面（饧面）

说完蓬灰，再回来说和面、揉面。

由于蓬灰在牛肉面中的使用没有标准可依，加上生产工艺的局限性和对生态环境的破坏，如今牛肉面中的添加剂均被"拉面剂"所取代。拉面剂的使用很方便，只需加在和面水中或在揣面时使用。

与著名烹饪大师大董（董振祥）先生合影

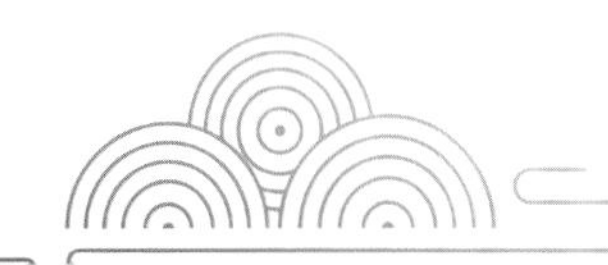

著名书画家夏天星先生为作者绘《仰岳庐读书图》

以前讲究的是“三遍水、三遍灰、九九八十一遍揉”，现在用拉面剂替代蓬灰的使用后也依然讲究此法。

和面时要根据季节的变化来调整和面用的水温。夏季一般为10℃左右，春秋季18℃左右，冬季则需25℃左右。调整水温的作用是防止和面过程中面粉所含的蛋白质发生变形，不让面粉中的淀粉发生糊化，使面粉生成较多的面筋网络。如果面粉中的蛋白质变形，面粉中的淀粉发生糊化，面团将无法抻拉。在和面过程中，特别是在夏天，遇有面粉筋力下降的情况，可在和面水中加点儿食盐，以增强面筋的强度和弹性，促使面团组织致密。

和面时一定要注意不要出现“包水面”。包水面的出现，是由于和面时加水过大，面团层出现积滞。包水面就是水相和粉相分离或亲保度不紧密，致使面团失去光泽和韧性。

如出现包水面，亦可往面中加拉面剂，方法是用右手沾调好比例的拉面剂水用力挤压面团。和面时最好先将面拌成大小均匀的“梭状子”（鹅毛片），其实就是像很多牛肉面馆的师傅在和面时，用手搓加了水的面，把面搓成蛋花状的和面手法一样，这样可杜绝包水面的出现。用捣、搋、登、揉的方法都是为了防止包渣面（面中有干粉粒）的出现，促使面筋较好地吸收水分，充分使面团形成较多的面筋网络，从而能产生更好的延伸性。当然，在面中加入拉面剂也是这个道理。

捣是用手掌拳撞压面团；搋是两手同时用拳交叉捣压面团；登是将手握成虎爪形，抓上面团向前推捣；揉是用手来回搓擦面团。

和面时，双拳同时沾上拉面剂水，要把水完全打到面团里后再用力击打面团，关键是将面团打扁后再将面叠合朝一个方向。要么顺时针方向要么逆时针方向，捣揉，直到面团不粘手、不粘案板、光滑为止，揉到面团起小泡泡就可以了。

用甘肃兰州牛肉拉面产业联合会秘书长翟兆哲先生的话来说，就叫“三遍水，三遍灰，大棱小棱面成型，窝灰、趟灰和蘸灰。”

中国文联第六、第七、第八、第九届副主席，著名词作家陈晓光编审为作者美食著作题词：“食为健康。丙申年，晓光。”

和好的面团其温度保持在30℃为最佳，此时面粉中的蛋白质吸水性最好（达150%），面筋生成率也最高，延伸性和弹性最好，最适合抻拉。若低于30℃，面粉中的蛋白质吸水性和质量会随温度的下降而下降；同样，面团的温度超过30℃，会降低面团中面筋的生成，如面团温度达到60℃时，还会引起面团中的蛋白质

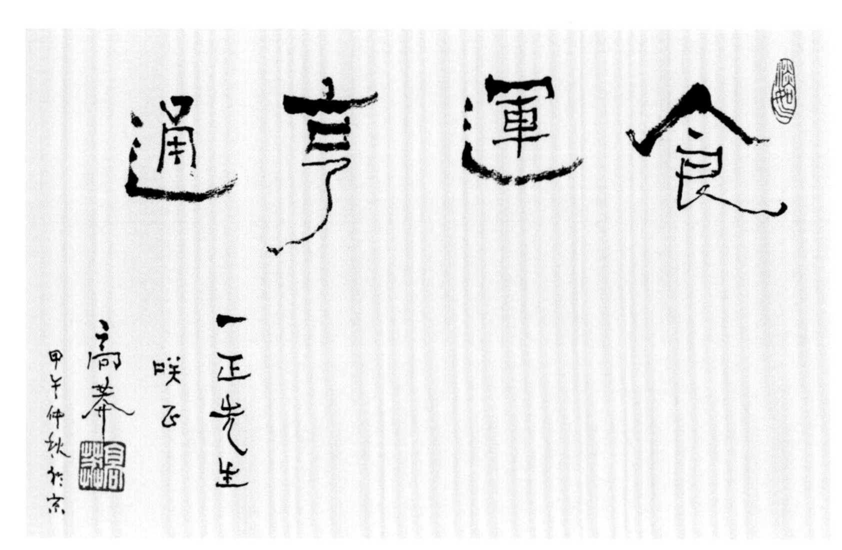

著名翻译家、作家、画家高莽院士为作者美食著作题词：“食运亨通。一正先生笑正。高莽。甲午仲秋于京。”

变性，失去面团的抻拉性能。

和制牛肉面的面团时，也会因人因地因气候因面粉而异。有人在和面时加盐、加碱、加灰（拉面剂），也有人只加灰（拉面剂）；据说，什么都不添加的面团也能做出牛肉面。

饧面的目的是使面团中还没有充分吸收水分的蛋白质有充分的吸水时间，提高面筋的生成，杜绝面团中产生的小硬粒或小碎心，让面团从内到外均匀柔软。

将揉好的面团表面刷点儿清油，盖上湿布或者塑料布，避免风吹让面团表面产生干裂或结皮现象。面团应放置一段时间，冬天不要少于30分钟。

■ 下剂

下剂之前要先遛一遛面。

遛面之前先在案板上刷些清油，用右手扯住面团的右角往面团中心处揉搓，接着用左手扯住面团的左角往面团中心处揉搓，双手轮番交替，视面团的拉抻情况，可摭加些拉面剂，揉搓到面团光滑可塑时，将面团搓成长条，右手的面团折向左手处，并将长条形的面团打成麻花状，用双手抻拉，再将右手的面团回折交付左手，右手顺势将面条拧成麻花状，再抻拉，周而复始，直到认为可以下面剂时为止。业内人士称“遛面”为“顺筋”。将遛好的面团，放在案板上抹油，轻轻抻拉，然后用手掌压在面团上，来回推搓成粗细均匀的圆形长条状，再揪成粗细均匀、长短相等的面剂子。一般面剂子粗为20~30毫米、长度为一根筷子的尺寸。

■ 拉面

在案板的上方或是左右两边多撒些干面粉，在抻拉面条的部位刷上一些清油，将已饧好的面剂子搓成长条，两手攥住长条面剂子的两端向外抻拉，抻拉到三尺左右（一般90厘米左右），打一个回折，将右手最右部面条根部交付左手，用右手的无名指勾住面条转折的中心位置继续用双手向外抻拉，拉

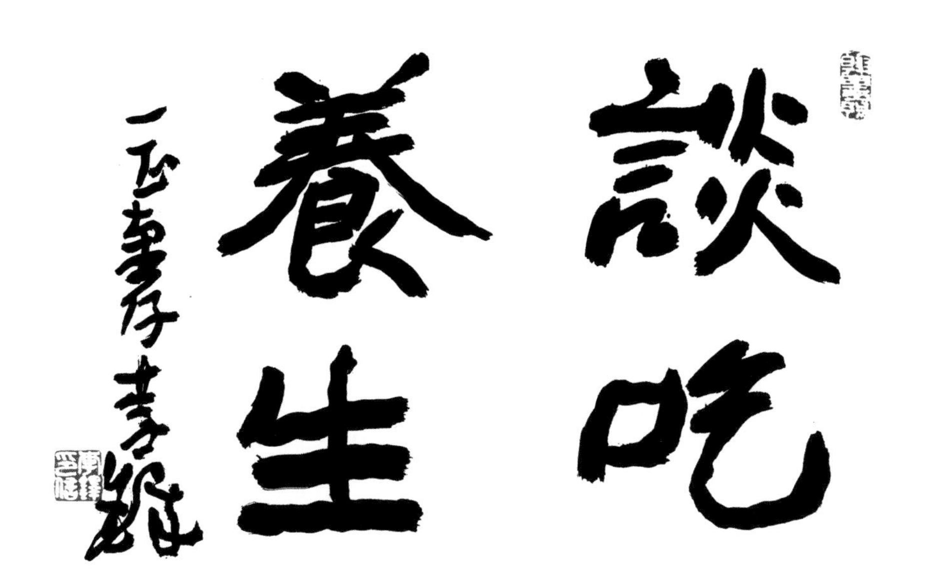

中国书法家协会第三届副主席李铎研究馆员为作者美食著作题词：“谈吃养生。一正惠存。李铎。”

与著名烹饪大师孙立新先生合影

伸到二三尺，回折一下，右手再将面条的右角交付左手，右手同样用无名指尾端勾住面条的转折中心部位两手向外抻拉。如此反复。每一个对折是为一扣，一直抻拉到食客要求的规格后，双臂向外抻拉到三尺左右时，将面条在案板上沾些干面粉，用力摔抖一下，抻拉一次，抻拉回合时左手将面条交付右手，左手手心下端将折扣时的面根轻轻割断，只将面条交付右手大拇指，并用右手中指和食指将面条夹断放入滚开的煮面大锅中。一个面剂子，正好拉一大碗面。

抻拉面剂子时，每个人会根据自身的生理条件拉出自个的手法，个子高的拉面师会因为手臂长，向外抻拉的长度会大一些；个子矮的拉面师抻拉面条的长度相对会小一些。

手法上也是一样。兰州牛肉面第四代传人马文斌在拉面时，动作不是很快，他是气定神闲地拉。他在抻拉面条时，当右手的面条对折交付左手时，右手会从面条中撤出，用右手轻轻压一压交付左手的面条根部，再用右手食指从刚才拔出手的面条部位伸进去，勾住右部的面条，并娴熟地将面条在案板上慢慢滚一下干面粉后，两臂张开，抻拉面条。每一扣折，当右手的面条对折一扣将右手根尾部交付左手时，他有时会将大拇指折入手心，其余四指平插进入面条右侧对折的尾端，向外抻拉。在案板上摔抖抻拉面条时，他只用食指勾住右侧面条的尾端，两臂张开，将面条在案板上滚一下干面粉，用力向外抻拉，并在案板上摔抖一下，再拉，同时，让两臂回拢一下，使面条有个回弹，之后再抻拉。

翟兆哲先生形象地总结为："屁股扭起来，膀子甩起来，九九八十一遍揉，搋搗抻摔把面开。"

拉面最细可拉到龙须面。20世纪八九十年代，有一年春晚表演拉面绝活儿，用一根拉好的面条穿我们日常用于缝衣服的针鼻儿，面条可轻而易举地穿过针鼻儿。

目前有记录的最细龙须面可拉至20扣以上，达百万根以上。餐饮界将龙须面的定义标准规定在14扣16384根，普通要求达到12扣4096根即可。

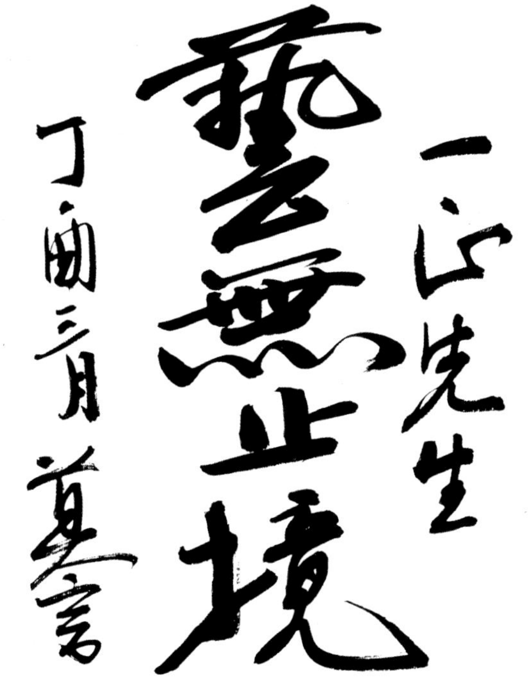

中国作家协会第八届副主席莫言先生为作者美食著作题词

与著名作家莫言先生合影

龙须面因为太细，已不宜水煮，宜用温油炸后撒上白糖食用。乡间有将炸好的龙须面配葱丝、面酱，卷入春饼而食的风俗，主要是在农历二月二"剥龙皮"时食用。

素有豫菜十大名菜之一的黄河鲤鱼焙面，就是

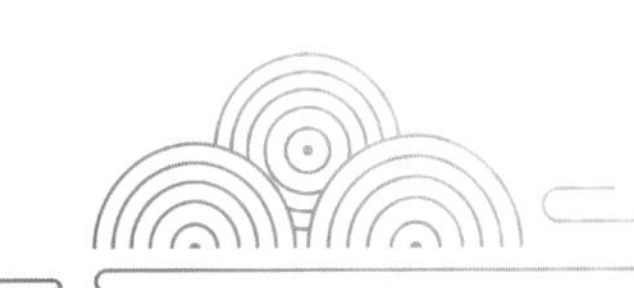

厨师将抻好的细如发丝的龙须面过油炸后，盖在用糖醋汁熘好并事先炸过的黄河鲤鱼身上。实际上此菜是由“糖醋熘鱼”和“焙龙须面”两道菜复合为一的菜品，是脱胎于鲁菜的“糖醋熘（‘溜’同‘熘’）鱼”。鲤鱼焙面又叫“糖醋软溜黄河鲤鱼带焙面”“糖醋熘鱼带焙面”。此菜的妙处是一道菜两种食趣，有“先食龙肉，后食龙须”的说法。但食客在享用此菜时，多是先从吃龙须面蘸糖醋汁开始，随后吃鲤鱼。鲤鱼焙面以开封和洛阳烹制的最为有名。开封名为“开封溜鱼焙面”或“鲤鱼焙面”，洛阳名为“洛阳黄河鲤鱼焙面”。

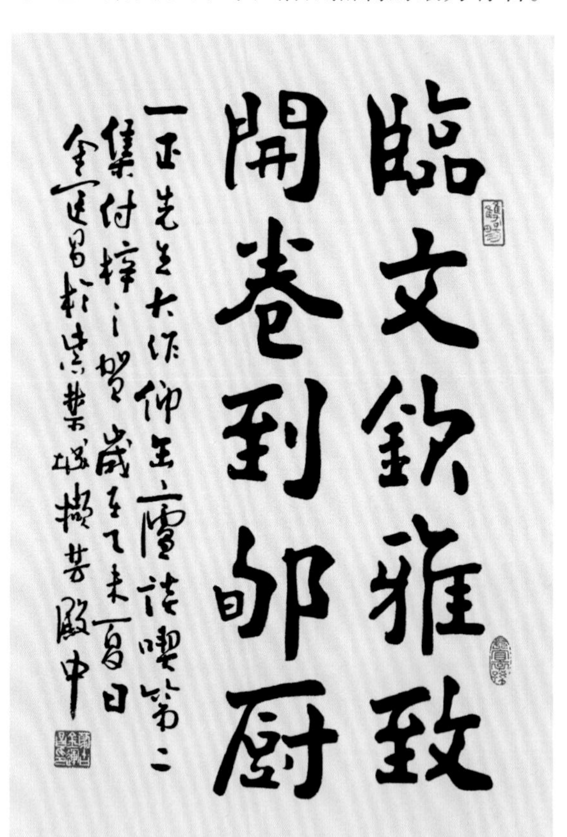

中国书法家协会第六、第七届理事，著名书画鉴定家，美食家金运昌研究员为作者美食著作题词：“临文钦雅致，开卷到郇厨。一正先生大作《仰缶庐谈吃》第二集付梓之贺。岁在乙未夏日，金运昌于紫禁城撷芸殿中。”

兰州牛肉面拉出的种类有：

粗细（圆）类：毛细、细、二细、三细、二柱子（粗）；

扁宽类：毛韭叶、韭叶、宽、薄宽、大宽、皮带宽；

棱形类（异形类）：荞麦棱子、四棱子、空心面等。

2000年6月，甘肃省质量技术监督局发布的《兰州牛肉拉面》标准中面条的品种形状分为：毛细、细面、二细、韭叶、宽面、大宽、荞麦棱，未把三细、二柱（粗）、毛韭叶、薄宽、皮带宽、四棱子、空心面等面条的形状写入标准。

据马文斌师傅说，兰州牛肉拉面的种类有12个（不包括四棱子和空心面）。

面条的粗细则以抻拉的折扣多少来决定，抻拉折扣数越多面条会越细。一般来说，毛细为8扣（有说是11扣），细面为7扣（有说是9扣），二细为6扣（有说是7扣）。

拉宽面、大宽、薄宽、韭叶等规格的牛肉面时，先用手压扁面剂子，然后再抻拉。

这里以“东方宫牛肉面”为例，它家的一碗牛肉面为三两，一碗牛肉面一般拉7扣，细的拉到8扣，据说毛细是拉到11扣。它家的拉面师傅拉制牛肉面的极限为10扣即1024根面条，规格有9种，即薄宽、大宽、毛细、细、二细、三细、二柱子、荞麦棱和韭叶子。在此之上，它家还创新出一款名为“五道丝面”的品种。

所谓“五道丝面”，就是将拉面剂子用手压平，用筷子在面剂子上压成四条平行的沟槽，再将面抻拉后入锅煮熟。实际上，五道丝面就是用拉韭叶面的面剂子用筷子压四个深横道再拉制7扣入锅，出锅后的每根面条上都有四根横道，类似“五线谱”的形状。

■ 煮面

煮面的锅要选用不锈钢、精钢等材质的，锅要大要宽。沸水下面，面浮起后，轻轻搅动捞出即可。捞出的面在浇上牛肉汤后，用筷子将面条向上轻轻挑一挑，再撒上些香菜、蒜苗，浇上辣椒油等作料。有“拉面好似一盘线，下到锅里悠悠转，捞在碗里菊花瓣”之说。

还是用翟兆哲先生的话来讲，叫“大鹏展翅凤点头，回手潇洒抛起来；上下翻滚五十秒，提高撩旋碗中来；一撇二舀三添彩，微笑点头送出来。”

三、凝心匠炼

制作兰州牛肉面的牛肉汤，包括选肉、泡肉、煮汤、打沫子、下调料、牛肉再加工、吊汤、对调料水调味、出成品等环节。

制作兰州牛肉面以前多用甘南地区所产的牦牛肉，现在由于甘南的牦牛资源有限，多用普通的牛肉来代替，也有用犏牛（牦牛与黄牛杂交之后代）肉的。但青海人做的牛肉拉面目前还多用产自青海的牦牛肉。这主要是因为青藏高原牦牛资源相对丰富。

我2014年去杭州时，在青海海东人马真先生开的“伊滋味”连锁店吃饭，他家牛肉拉面所用的牛肉全部来自青海，据他说是真正产自三江源的牦牛肉。

不管用哪儿产的牛肉，只要符合国家标准（GB/T9960—2008）即可使用。

制牛肉汤要选用牛腿骨（牛棒骨）、精肥牛肉（肥肉出鲜味）、牛骨髓、牛肝、羊肝、肥土鸡等食材。

将牛腿骨（牛棒骨）砸断、牛肉切大块用清水浸泡1小时以上。浸泡过的牛肉血水留做它用。

与著名烹饪大师王义均先生（左）、京味清真小吃泰斗陈连生先生（右）亲切交谈

选除铁锅以外材质的大锅，加冷水（铁锅熬汤可使汤汁变色，最好是铜锅，铜锅一是导热快，二是能够保持熬煮牛肉后的汤清亮），水要一次性加足

（冷水下锅，可防止食材表面因高温骤变致使蛋白质凝固，无法很好地溶于汤中，汤汁不易达到鲜醇的目的。行话说，热水煮肉肉香，冷水煮肉汤香），将浸泡好的牛腿骨、牛肉、牛骨髓、土鸡等放入锅中，大火煮沸，撇去汤面上的沫子（沫子来自肉本身的血红蛋白），下姜和调料包，改文火煮制5个小时（锅内要保持汤水微沸，最好是似开不开，行话叫“菊花心”或“蟹眼”。制清汤必须在4小时以上，以文火为主；浓汤要大火，大火可使浓汁变白，时间比清汤要短，一般为2~3小时），捞出牛肉、牛腿骨、土鸡、牛骨髓及调料包和姜块等。

中国作家协会第五届副主席徐怀中先生为作者美食著作题词：“丰衣足食。一正先生留念。徐怀中。二〇一五年北京。”

另选一口加好冷水的锅（不用铁锅），放入事前切好小块的牛肝、羊肝，锅开后打去浮沫，改文火熬制。牛羊肝煮熟后将其捞出，并将煮牛羊肝的汤汁用细纱布或网筛过滤杂质，澄清后的汤汁待用。

■ 吊汤

锅中将煮过牛腿骨、牛肉、土鸡的汤汁上火煮沸，加入浸泡过牛腿骨、牛肉等的血水和已澄清的煮过牛羊肝的汤汁，大火煮沸，锅中的汤水中会结有大量的浮沫，把漂在汤中的浮沫打去（血水中含有血红蛋白，具有吸附性，它可以吸附汤中细小的悬浮物。当蛋白质分子受热变性，可将汤中的杂物凝结在一

起而形成浮沫），关火，稍停一会儿，汤中的脂肪会迅速漂浮上来并与下层汤水产生分离，将还未发生乳化的浮油撇除干净（此油不香，反而吃时糊嘴，影响清汤的色泽和口感），用细纱布或细网筛将此汤过滤，去掉杂质。选精好牛肉斩剁成茸，加清水浸泡使其溢出血水。再将过滤后的牛肉汤点上火，加入斩成茸的牛肉和浸泡过牛肉茸的血水汤，边加热边用手勺推动搅转，见汤汁开锅后改文火，汤汁内的细微渣滓就会被牛肉茸吸附黏结在一起，再用手勺打去浮沫，将漂浮起来的牛肉茸用手勺捞起并挤压成饼后再放入汤中加热，使牛肉茸的鲜味充分释放在汤中。离火后，用手勺将牛肉饼和浮沫去除后清汤即成。

此汤称为“一吊汤”，若需要更为鲜醇的清汤，需“二吊汤”或“三吊汤”。这样的吊汤法，同我们在饭店吃炒菜时为提味增鲜加入的“清汤（又称‘高汤’‘上汤’）”没什么区别。

清真菜在制作“高汤”时，多选用牛肉、牛棒骨、鸡、鸭等食材，不用浸泡任何动物食材的血水来吊汤。所以清真兰州牛肉面的牛肉汤也不用浸泡牛肉及牛棒骨的血水来吊，多是用炖煮牛肉及牛棒骨、牛骨髓、牛肝、羊肝、鸡等的汤直接加香辛调味料、清水勾兑稀释即可。

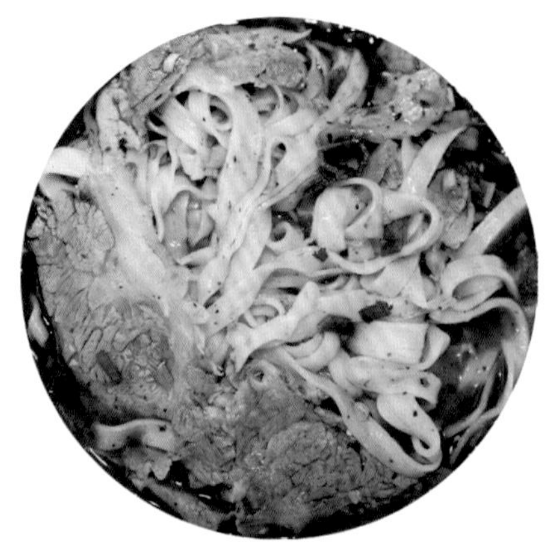

烹制清真菜禁用动物的血液，用动物的血液等烹饪清真菜肴被认为是“哈拉目

（Haram）”的，即违反教律的行为。

但据翟兆哲秘书长讲，现在有些清真牛肉面馆在制牛肉汤时，也用浸泡过牛肉、牛骨头的血水来吊汤。他们认为，这种血水是非牛身上大血管中流淌的血液，是浸泡牛肉过程中产生的，如果炖煮牛肉时不对牛肉浸泡，直接入锅，这种血水也会存留在肉汤中，它同教规所指的禁食动物的血液是两码事。

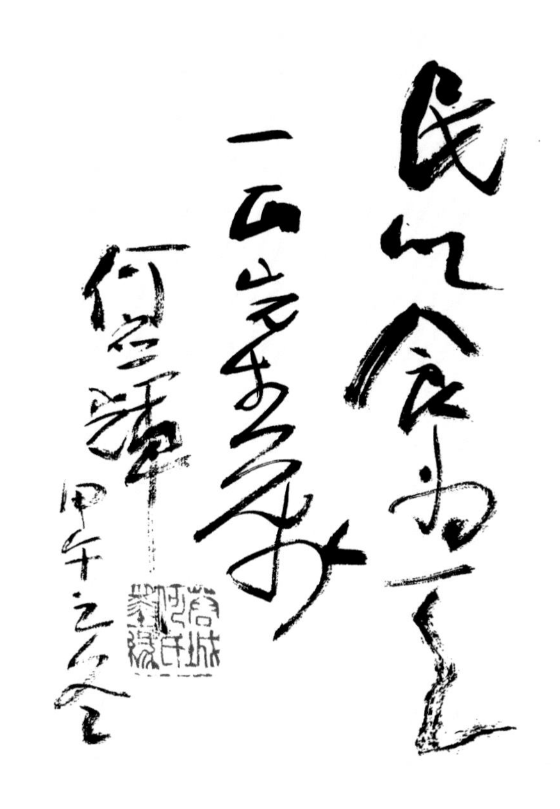

中国书法家协会第四、第五、第六届副主席何应辉教授为作者美食著作题词：“民以食为天。一正先生嘱。何应辉。甲午之冬。”

汉族厨师在“吊汤”时，除用上述食材外，另加猪骨、猪手、猪肘等食材。

素食所用的“清汤”，在吊制时多用各类的菌、菇、笋、黄豆芽等食材。

吊汤亦可用水产品，如用黄鳝骨吊汤、用海蜒吊汤。

兰州牛肉面的“二吊汤”或“三吊汤”还是用牛肉茸继续来吊。

不同于兰州牛肉面的“二吊汤”和“三吊汤”，饭店厨师往往要吊制“红哨”或“白哨”。此种方法的使用在鲁菜饭店中尤为普遍。

吊“红哨”用的是鸡腿肉，吊“白哨”用的是鸡脯肉。吊法是提取用牛、猪、鸡、鸭等食材煮制的汤，加入斩剁的鸡腿茸，用此取出的汤是“红哨”，再用“红哨”汤加鸡脯茸继续吊出的清汤即为“白哨”。

吊汤加盐应在最后环节，亦可吊汤时根本不放盐，提前加盐会导致汤色灰暗。原因是盐具有对食材的渗透作用，能渗透原料内部，使原料的水分排出，蛋白质凝固，致使汤汁不浓，鲜味下降。

做“一吊汤”、“二吊汤”及“三吊汤”时使用的牛肉茸可用葱姜汁浸泡，用此方法吊出的汤会更加清鲜。

制作兰州牛肉面汤所用的调料包（香料包）一般有十几种，最多可达三十六种。

常用的调料（香料）有：姜、草果（需砸开）、桂皮、丁香、花椒、山奈、草蔻、砂仁、陈皮、山楂、小胡椒。

复杂的有二十三种：

1. 桂子

2. 豆蔻

3. 百倍

4. 木香

5. 当归

6. 丁香

7. 香叶

古建筑学界泰斗罗哲文先生之子，中国文联办公厅原主任，中国书法家协会第四、第五、第六、第七届理事罗杨教授为作者美食著作题词：“中华美食乾坤大，一正谈吃品文化。读《仰缶庐谈吃》如春风酿酒，似时雨煮茶，乃余味无穷。岁次丁酉之夏，点水斋，罗杨。”

8. 荜拨

9. 草果

10. 芳香

11. 山奈

12. 草蔻

13. 车前

14. 红袍

15. 八角

16. 胡荽

17. 良姜

18. 地黄

19. 月山姜

20. 茴香

21. 肉蔻

22. 贵老

23. 胡椒

中国国家画院原院长龙瑞先生为作者美食著作题词："有滋有味。一正惠存。丁酉，龙瑞。"

值得注意的是，如果制汤时加调料（香料）过多，则会产生不良效果。一是会影响牛肉汤的色泽；二是牛肉汤会有股“中药味”。

牛肉面的清汤制好后，还要加入调味水进行调味。

调味水是由各种香料熬制的，因南北饮食习惯不同，烹制调味水时应注意到这一点。

具体操作方法是：将复合调味料放入牛羊肝汤中烹制，没有牛羊肝汤用普通的饮用水也可，待汤中溢出香味后，放凉沉淀后过滤，用过滤好的汤汁兑入牛肉汤中，其目的就是使牛肉面汤汁最大限度地增香。

复合调味料有：白胡椒、姜皮、肉蔻、熟孜然、大茴、荜拨、丁香、小

茴、花椒、草果、草蔻等。

浓香型复合调味料有：熟孜然、八角、草果、桂皮、香叶、甘草、花椒、黑胡椒、丁香、熟芝麻、干姜、白芷、肉蔻等。

将以上香料打成粉，装入调料包，下汤中进行烹制就是调味水。

还有一种简便的制牛肉面清汤法，味道肯定不如上述讲的好，但操作起来相对容易。

直接用牛棒骨、肥膘牛肉下冷水锅熬汤，下调料包(包括花椒、山奈、草蔻、砂仁、桂皮、桂丁、桂枝、陈皮、山楂、小茴香、姜皮、小胡椒、大香等)，水沸后打去沫子，并用浸泡牛棒骨和牛肥膘肉的水兑入煮牛棒骨、肥膘牛肉的汤中，再把沫子打去。

汤制好后留用。

另用一炒勺加冷水，下花椒、草果、姜皮、桂皮、砂仁、生姜、小茴香、大香、桂丁、桂枝、白醋等煮15~20分钟，加入熬制的牛肉汤，牛肉汤占此次制汤的四成，加开水，开水占此次制汤的六成，加盐、味精、胡椒粉、花椒粉，淋入香油少许。这是简易牛肉面的清汤。

有的拉面馆干脆用熬牛棒骨、牛肉的汤当“清汤”用作牛肉面的汤汁，而且在熬汤时加牛油，汤并没有“吊”。这种方法其实也无可厚非，只是离地道的兰州牛肉面做法相去甚远。“牛大控”们一吃

在著名烹饪大师艾广富先生家中品尝艾老亲手为作者烹制的清真肴馔

就会有所察觉。一是汤不清；二是面汤中漂了一层浮油，有糊嘴的感觉，而且牛肉味过重，面一凉，面汤上就会漂一层结皮的浮油。

有厨师讲，烹制牛羊肉时一般不放“大香”调味料，但在使用小茴香的调味料时可使用大香，大香能让小茴香的香味充分发挥出来。

大香即“八角”，小香即“小茴香”。

其实也不尽然。清真菜在烹制牛羊肉菜品时基本上都使用八角作为调味品之一。

清真菜是华夏文化及伊斯兰文化的重要组成部分，要发扬光大。

一正同志留念

陈广元

二〇一六年三月廿三日

中国伊斯兰教协会第七、第八、第九届会长陈广元大阿訇为作者美食著作题词

作者在陈广元大阿訇家中吃饭

陈广元大阿訇在翻阅作者的美食著作

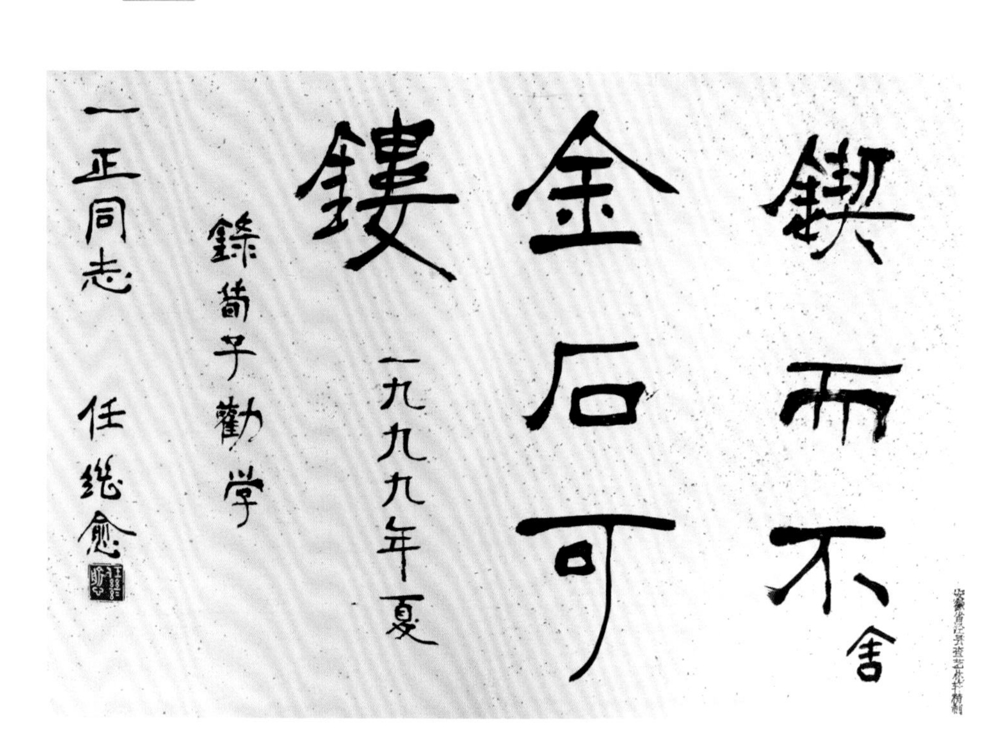

国学大师任继愈先生为作者美食著作题词

大多数的兰州清真牛肉（拉）面馆在制汤时只用牛肉和牛骨头。牛肉和牛骨头要在清水中浸泡 4 个小时左右，而且中途还要换水。浸泡过牛肉和牛骨头的血水弃之不要。

调料包也只用桂皮、肉蔻、草果、丁香、小茴香、香叶、花椒、八角、辣椒、胡椒（粉）、葱、姜12种香辛料。

其他辅料有鸡精、红油、香菜。

牛肉面中所放的牛肉（薄片牛肉和牛肉丁）是从制汤中捞出的熟肉放凉切好的。

牛肉面中浇的牛肉汤就是用炖牛肉和炖牛骨头的汤（用水稀释）。

刚才说了简易制作牛肉面的清汤法，还有更“简易”的。

2014年5月，我去山东日照，从北京出发，坐了一夜的火车。火车没正点到达日照，而是提前了挺长时间。我们一行人出了站台，说先找点儿吃的，稍

事休息后正好是接我们的车子来的时间。

我们下了站台，看见马路对面有一家清真兰州拉面馆，还未开门，正在做准备工作。我们坐在凳子上，看他们做开店前的准备工作。这时见一店员在一个不锈钢的大圆桶里倒了许多类似感冒冲剂样的淡褐色粉末，用开水冲，边冲边用大勺子搅拌，整整冲满了一个大圆桶。我此时并没有反应过来这东西是干什么用的。这时，拉面师傅已开始拉面了，面盛到碗里后，浇上刚才冲好的汤，撒上几粒从冰箱拿出事先切好的碎牛肉末和香菜末，辣椒油放在桌子上，食客自己操作。

我看了一眼浇在拉面上的“汤”，真是清清亮亮，我心想：这哪是“兰州牛肉拉面”，分明是“调料包冲剂拉面”。我观察了一下前来吃早点的人，并没有发现有人对拉面中的“牛肉汤”有所察觉。

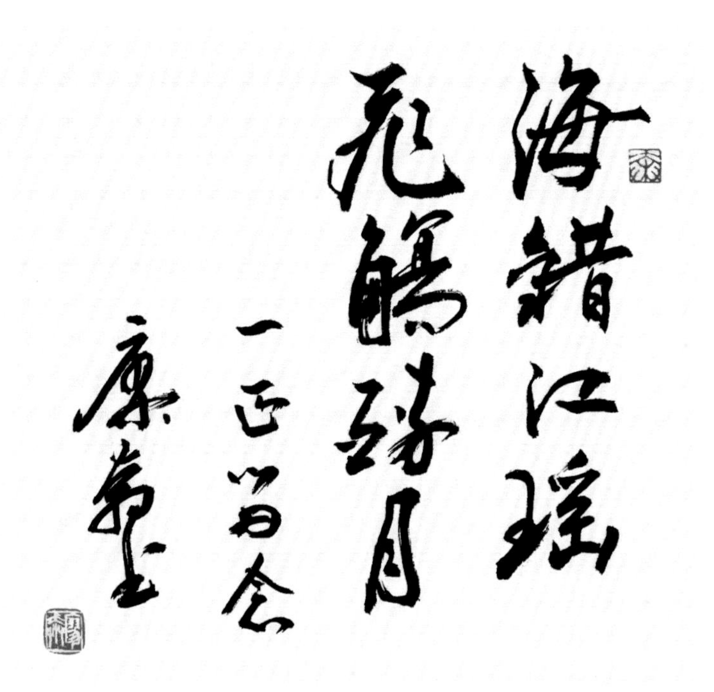

中国作家协会第八届副主席，中国文联第八届副主席，著名书法家廖奔教授为作者美食著作题词：“海错江瑶，飞觞醉月。一正留念。廖奔书。”

看来从事兰州拉面行业在向外延伸扩展的同时，非常有必要加强行业自身的监管力度，杜绝“调味包冲剂拉面”，还真真正正纯绿色纯手工的“兰州牛肉面”以本来面目。

还以东方

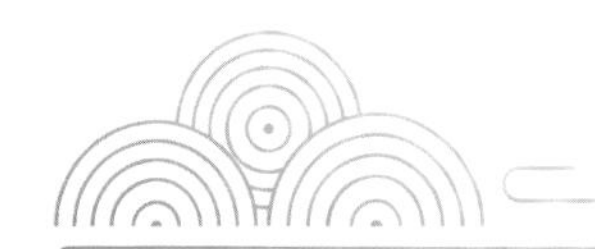

中国美术家协会第七、第八届理事，浙江省美术家协会第七届副主席何水法教授为作者美食著作题词："华筵。一正先生。何水法。"

宫牛肉面的制汤法为例。

它家选用的是当地生产的黄牛肉。把新鲜黄牛肉浸泡在清水中半小时左右，大锅（不用铁锅）注清水加热，将牛棒骨、牛骨架子剁碎垫在锅底，放入浸泡好的黄牛肉和东方宫自制的料包，再在锅中放入柴鸡（提鲜用），盖上锅盖炖煮 3 个小时（不开锅盖）后将炖煮在锅中的食材全部捞出，注入沸水（清），不停地搅动，使沸水与牛肉汤充分融合后即成"牛肉汤"。

著名漫画家、民俗学家李滨声先生为作者美食著作题词："实话食说，食事求是。一正小友存。戊戌春，李滨声，九十又三拙书。"

再以塔山

半坡牛肉面为例。

它家在吊牛肉汤（三鲜汤）时用牛肉、羊肝和全鸡。将上述食材冷水下锅，锅中的羊肝煮到发硬时，将羊肝和整鸡捞出（避免因羊肝和鸡肉味煮得太重而影响牛肉本身的味道，只是用羊肝和整鸡为牛肉汤起到增鲜的目的即止），继续煮到牛肉烂熟关火。每天盛出一盆汤，第二天再将此汤放入新吊的牛肉汤里，此即所谓的“老汤”。

塔山半坡牛肉面煮牛肉的大锅，内径为1.1米，一次可炖煮200公斤的牛肉。它家一天（一个店）的牛肉销售量在200~300公斤，每天能卖1800碗牛肉面（一袋面粉是25公斤，可做180碗牛肉面，每碗面的重量在2.8两左右）。

中国美术家协会第三、第四届理事董辰生先生为作者美食著作出版贺赠国画作品《贵妃醉酒》。

其他大一点儿的牛肉面馆，一般用1.5米（2米）直径的大铜锅，一次煮350公斤牛肉，大约是一头牛身（去头、腿、蹄、内脏等）的重量。

仅兰州市的牛肉面馆就有2000家以上，每家的“牛肉汤”制法各不相同，各家有各家的独门秘籍，兰州人所谓“要汤”是也。

四、物物重臣

做好一碗兰州牛肉面，面中所放牛肉的味道也很重要。

牛肉的加工是将炖好的牛肉切成1.5厘米的大丁（如今牛肉面中放的牛肉丁基本都是0.5~0.7厘米的碎牛肉末），炒勺放炖牛肉的原汤汁、牛肉丁，加蚝油、虾酱、生抽、盐、味精、胡椒粉等调味品，烧开，打去沫子，小火使其入味，见汤味快收干时关火就行。

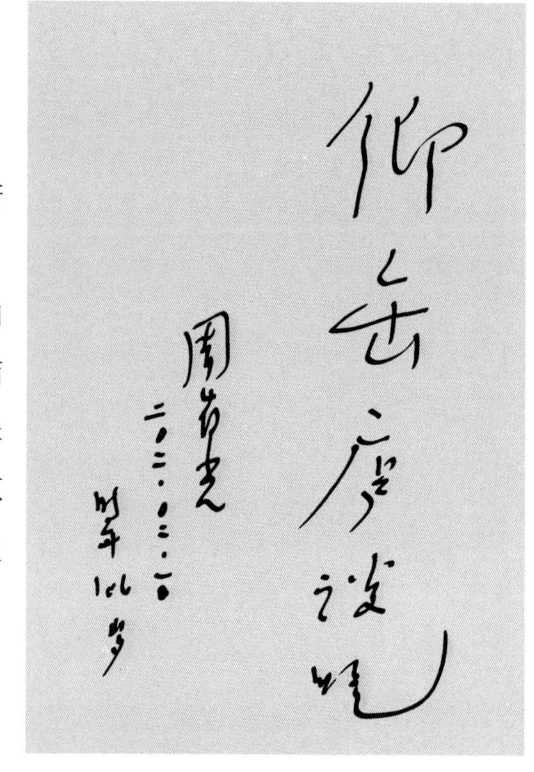

著名学者周有光先生为作者美食著作题签：“仰岳庐谈吃。周有光。二〇一一·〇二·一〇。时年106岁。”

现在兰州拉面馆的牛肉制作是用事先炖好（酱好，这里的酱是指腌酱。酱牛肉必须用酱，酱牛肉是从内蒙古传至北京的。兰州拉面的牛肉多用炖法）的整块牛肉，选出好的及整齐的部位用于切片，碎头或边角料切成碎丁放入大盆内，吃牛肉面时撒在面上；整片的按斤或按份儿称着卖，有吃牛肉面的食客点“加肉”时放一份儿。

与著名学者周有光先生合影

五、泼辣将佐

兰州牛肉面的主角，除汤、面、肉之外，还有一个重点，就是浇在牛肉面上的辣子。

兰州人似乎对牛肉面里的辣子格外钟情，一碗牛肉面里如果没有浇上辣子似乎是绝对不可以的，而且，辣子要浇得多多的、厚厚的，不光要浇辣椒油，而且要叫盛牛肉面的师傅多浇辣椒面，一碗牛肉面几乎全被红红的辣椒油覆盖了（这也是兰州人喜欢吃重口味食品的特点表现）。

做兰州牛肉面的辣子讲究用甘谷产的辣椒，甘谷就是三国时的大将军姜维的出生地。甘谷产的辣椒以羊角椒著名，尤以磐安镇产的最好，甘谷辣椒椒身修长（有的长度可超过20厘米），肉质肥厚，色泽娇好，辣味浓郁，汁满油多。甘谷县光照充足，昼夜温差大，使甘谷的辣椒形成辣度

中国书法家协会第五、第六届理事，著名诗人吴震启教授为作者美食著作题诗：“《仰缶庐谈吃》嘱作：世道食为天，生生续永年。吃中学问大，得法作神仙。刘一正先生雅嘱，匆匆草此拜书。岁在甲午冬月，永昊吴震启。”

著名评剧表演艺术家新凤霞女士及著名剧作家吴祖光先生之子，著名作家、书画家吴欢先生为作者美食著作题词："食不厌精。一正仁弟。吴欢。"

低、糖度高的特点。甘谷的辣椒曾得到斯里兰卡总理班达拉奈克夫人的称赞。它也是人民大会堂指定专用食材产品之一。

制作辣椒油要先将葱段、姜片、草果（破壳）、小茴香等调味料放在油锅中炸。油一般选用菜籽油（菜籽油要去浮沫）或色拉油。将放有调料的油炸出香味时把火调到中火，捞出调味料；另在甘谷辣椒面中加入少许食盐，将炼好的油（温油）冲至辣椒面中，放24小时后就可使用。

有人说汤和辣子的配方是每个开牛肉面馆家的秘籍，从不示人；还有人说牛肉面之所以好吃是在汤里或辣子里放罂粟壳了，放香味剂了等。均不可信。

有的店家在做辣子炼油时加入八角、丁香、花椒、草果、小茴香、葱、姜等调味品增香；有的店家将花椒（以产自陇南市武都区"大红袍"为好）磨成粉加在辣椒面中一同用温油冲（兰州牛肉面理应有麻味）；还有的在辣椒油中加点儿香油、芝麻……百花齐放。

中国书法家协会第五、第六、第七届理事，北京市书法家协会第五届副主席叶培贵教授为作者美食著作题词："脍不厌细。一正先生一正。培贵。"

六、白绿双使

兰州牛肉面中的“二白”萝卜片（有用产自金昌市金川区宁远堡镇的东湾绿萝卜的）和“四绿”的蒜苗及香菜，用的都是兰州本地自产的。

萝卜要切成4.5厘米长、2.5厘米宽、0.2厘米厚的长方片，放冷水锅中加热煮熟捞出，在冷水中漂凉后直接再用一口小锅将萝卜片放入，舀入牛肉汤（可加热）进行浸泡后食用。

蒜苗切成蒜苗花，香菜切成末。有的牛肉面馆在牛肉面内还要放青蒜末和香葱末。

煮好的面条盛入碗中，浇上一勺牛肉汤，将面挑一挑（或用勺舀起再放下），加入萝卜片、牛肉丁，再补加适量的牛肉汤，撒上蒜苗花、香菜，淋上辣子，交付食客。

食客在吃前，会拎着醋壶，在倒醋时往牛肉面中划圈子。兰州人就喜欢吃这酸中带辣、辣中带香、香中带醇的牛肉面。

兰州人吃牛肉面时还喜欢端着个“海碗”，蹲在店外（有凳子不坐。道牙子上蹲着吃面曾是早些年兰州市的一道风景），把面条挑起老高，“呼噜”“呼噜”地出着响声吃，很过瘾。

在兰州，民间流传着这样一句话，说：在兰州看一个男人娘不娘，就看他吃牛肉面时要二细还是毛细；在兰州看一个姑娘汉不汉子，就看她吃牛肉面时

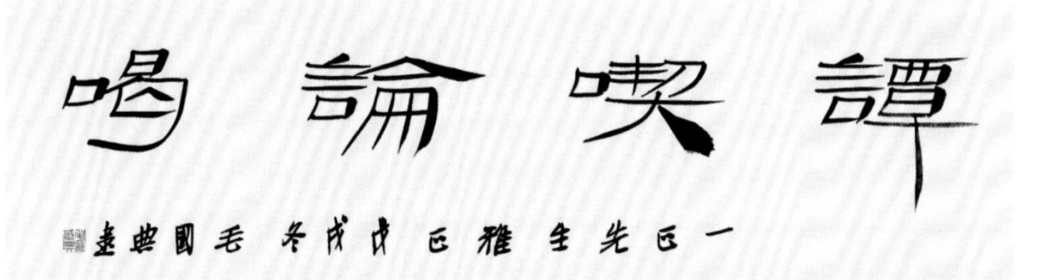

中国书法家协会第七届副主席毛国典先生为作者美食著作题词：“谈吃论喝。一正先生雅正。戊戌冬，毛国典书。”

要大宽还是细滴。

兰州牛肉面，吃时还要大口吃。

七、金城真味

兰州牛肉面的发源地在兰州，兰州是唯一一座黄河穿城而过的省会城市。兰州有369.31万的常住人口（截至2020年7月，兰州市人民政府官网·兰州简介），大大小小的牛肉面馆有2000家以上（截至2020年7月），其中清真牛肉面馆1902家（截至2020年7月），总营业面积达20多万平方米，从业人员2.5万人以上，年营业额20亿元。

兰州城每天的早晨，是在迷漫着浓浓的牛肉面醇香味道之中度过的。兰州的大街小巷都会有几家牛肉面馆，大约有三分之一的兰州人早餐会选择牛肉面，兰州城每天要卖出126万碗的牛肉面。可以说，兰州人和牛肉面有着深深的不解之缘，以至于一碗牛肉面的涨价都会惊动兰州市政府。2007年兰州市物价局联合兰州市工商局、质监局、卫生局和兰州拉面行业协会出台了《关于规范兰州市牛肉面行业价格行为的通知》。对此，人们

品尝烤肉季烤羊肉制作技艺第八代传承人马帅先生的烤羊肉

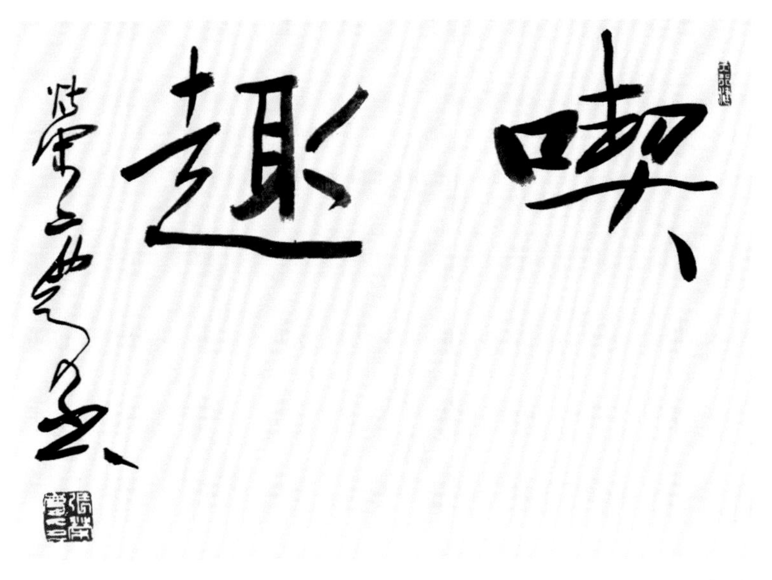

中国书法家协会第三、第四届理事张荣庆教授为作者美食著作题词："吃趣。荣庆书。"

莫衷一是，有的说在市场经济下市政府不该插手干预，这违背了市场经济的发展规律；但更多的是百姓表示支持政府的限价规定。

兰州牛肉面馆早晨一般是从六点左右开门一直延续到午后的两三点钟。兰州人吃牛肉面多选择在早晨和中午，晚餐很少选择吃牛肉面，所以，牛肉面馆晚上也很少营业。

2014年，"每日甘肃网"选出兰州十家最好吃的牛肉面：

1. 舌尖尖牛肉面
2. 安泊尔牛肉面
3. 陈记清汤牛肉面
4. 磨沟沿老字号牛肉面
5. 吾穆勒蓬灰牛肉面
6. 占国牛肉拉面
7. 周勇牛肉拉面
8. 金强兰州牛肉面和顶牛纯汤牛肉拉面
9. 马有布牛肉面
10. 白建强牛肉面

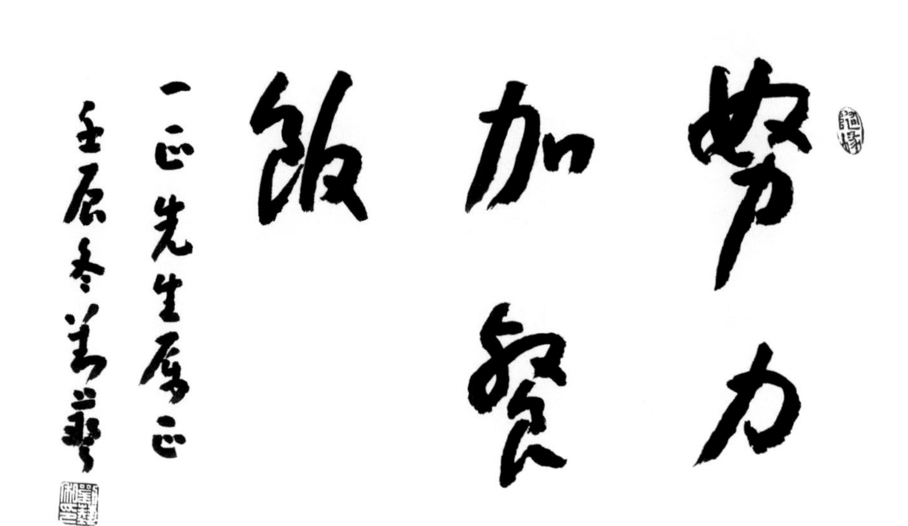

中国书法家协会第三届副主席刘艺编审为作者美食著作题词：“努力加餐饭。一正先生嘱正。壬辰冬，刘艺。”

此外，当时兰州市民比较喜爱的牛肉面馆（店）还有：马子禄牛肉面店、金鼎牛肉面店、马家大爷牛肉面馆、兰州东方宫牛肉面店、萨达姆牛肉面馆、苍鹰蓬灰牛肉面馆、本土清汤牛肉面店、兰清阁牛肉面馆、黄师傅牛肉拉面店、马子云牛肉面店、玉香阁牛肉面店等。

在2017年7月举办的“第三届中国·兰州国际牛肉拉面文化博览会”上，对一些优秀品牌牛肉拉面企业进行了评选。

授予兰州牛肉拉面三十年品牌店的是：

1. 金鼎牛肉面鸿宾楼店
2. 兰州马子禄牛肉面大众巷店
3. 马有布牛肉面旧大路店
4. 苍鹰蓬灰牛肉面电力技校店
5. 马有才牛肉面的故事陇西路店

授予兰州牛肉拉面二十年品牌店的有：

1. 吾穆勒蓬灰牛肉面安宁总店
2. 白老七蓬灰牛肉面金城路店
3. 陈作林陈记牛肉面西固店
4. 沙家牛肉面卤面武都路店
5. 德元纯汤牛肉面西固店
6. 张国仁牛肉面馆正宁路店
7. 有德牛肉面总店
8. 马俊礼牛肉面盐场路店
9. 佘穆牛肉拉面平凉路店
10. （萨）达姆牛肉面二热店
11. 大马记牛肉面临夏路店
12. 虎啸牛肉面七里河店

授予兰州牛肉拉面十年品牌店的是：

1. 磨沟沿老字号牛肉面店
2. 兰州金大碗牛肉面北面滩店
3. 厚粮牛肉面总店
4. 金强兰州牛肉面五泉店
5. 顶牛牛肉面西固店
6. 金味德牛肉面天水路店
7. 占国牛肉面五泉总店
8. 金粮牛肉面五泉店
9. 万里金汤牛肉面安宁店
10. 熬骨香牛肉面西固店

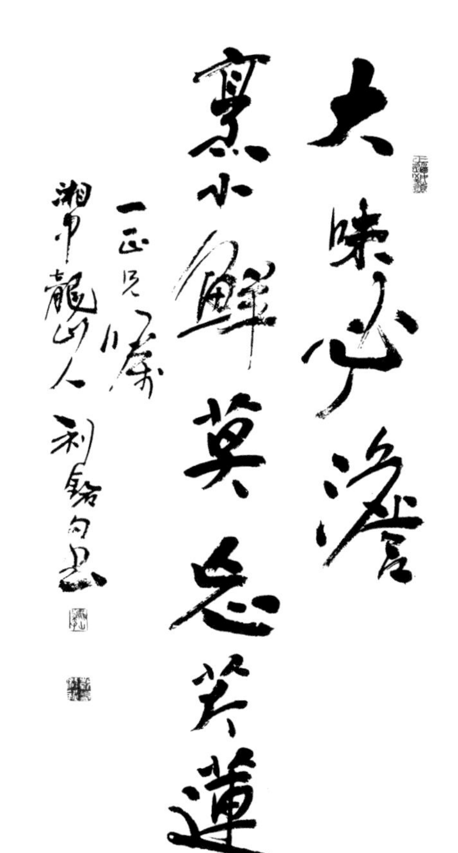

中国书法家协会第五、第六、第七届理事，中国美术家协会第八届理事，北京市文联第八届副主席，北京市书法家协会第四、第五届副主席彭利铭先生为作者美食著作题词：“大味必澹（淡）。烹小鲜莫忘芹莲（勤廉）。一正兄嘱。湘中龙山人利铭句书。”

授予兰州牛肉面创新店（奖）的是：

1. 兰州金鼎饮食管理有限公司
2. 兰州牛大美食文化有限公司
3. 兰州东方宫清真餐饮集团有限公司
4. 甘肃安泊尔投资有限公司
5. 兰州顶乐餐饮服务有限公司
6. 甘肃金味德餐饮有限公司
7. 甘肃玉鼎牛肉拉面职业培训学校
8. 兰州裕盛实业有限公司
9. 兰州宝升福餐饮管理服务有限公司
10. 兰州阿拉兰餐饮文化有限公司

授予兰州牛肉面示范店称号的是：

1. 安宁吾穆勒牛肉面店
2. 马有布牛肉面旧大路店
3. 米家牛肉拉面段家滩店
4. 东方宫牛肉面北滨河路店
5. 苍鹰蓬灰牛肉面电力技校店
6. 有德牛肉面总店
7. （萨）达姆牛肉面二热店
8. 金强牛肉面五泉店
9. 占国牛肉面五泉总店
10. 舌尖尖牛肉面五泉店
11. 顶牛牛肉面西固店
12. 金味德牛肉面天水路店

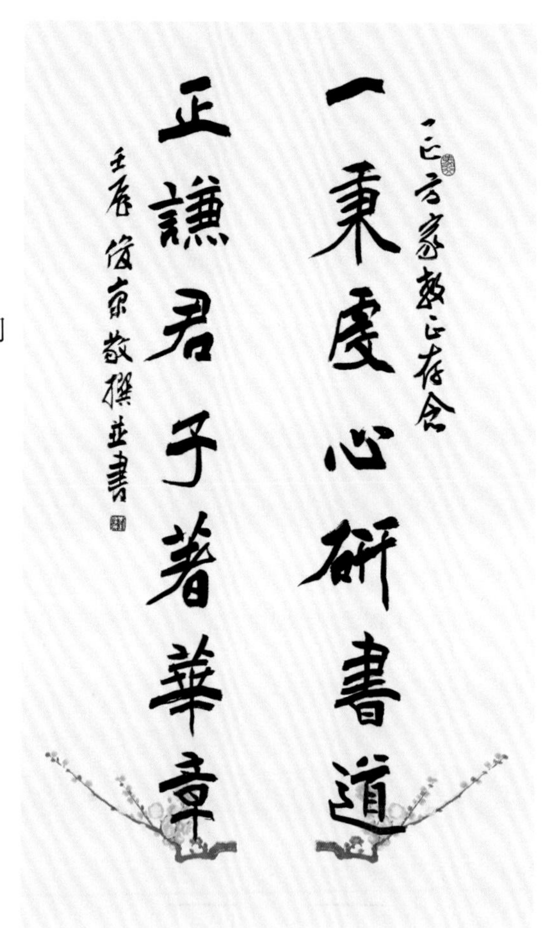

中国书法家协会第七届理事、北京市书法家协会第五届副主席刘俊京先生为作者美食著作题写联句：“一秉虔心研书道，正谦君子著华章。一正方家教正存念。壬辰俊京敬撰并书。”

13．张国仁牛肉面正宁路店
14．皋兰一品香牛肉面店
15．永登昂巴尔牛肉面店
16．红古清雅宫牛肉面店

兰州市民最喜欢的牛肉面店依次是：

1．唏嘛香牛肉面西关总店
2．1915 牛肉面张掖路店
3．新区凯达精品牛肉面
4．塔山半坡牛肉面滨河路店
5．陈作林陈记牛肉面西固店
6．思泊湖牛肉面五泉山店
7．成宜和牛肉拉面静宁路店
8．德元纯汤牛肉面西固店
9．阿拉兰牛肉面武都路店
10．福碗记牛肉面红星美凯龙店
11．安泊尔牛肉面北滨河路店
12．一碗兰牛肉面广场店
13．（老）大胡子蓬灰牛肉面西固店
14．随心阁牛肉面雁滩店
15．双裕牛肉面雁滩公园店
16．金鼎牛肉面鸿宾楼店
17．白老七蓬灰牛肉面金城路店
18．磨沟沿老字号牛肉面文化宫店
19．马子禄牛肉面大众巷店
20．中裕兰兰州牛肉面榆中店

著名书画家马海方先生为作者美食著作题词：“食鱼遇鲭。一正先生嘱题。马海方书于京华。”

2017年10月，网络上推荐的兰州最好吃的10家兰州牛肉面馆分别为：

1. 磨沟沿老字号牛肉面
2. 吾穆勒蓬灰牛肉面
3. 金强牛肉面
4. 马安军辣子牛肉面
5. 陈记清汤牛肉面
6. 唏嘛香牛肉面
7. 舌尖尖牛肉面
8. 成宜和牛肉拉面
9. 白建强牛肉面
10. 1915牛肉面

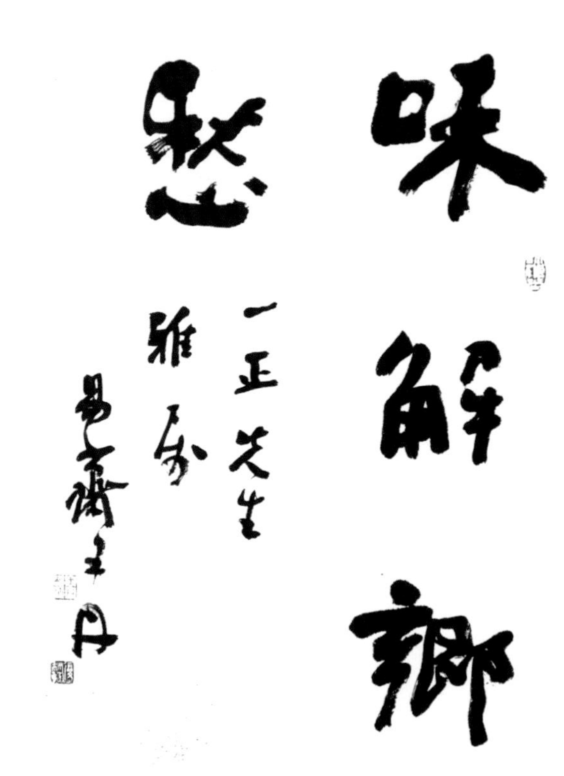

中国书法家协会第七届副主席王丹先生为作者美食著作题词：“味解乡愁。一正先生雅嘱。易斋王丹。”

兰州牛肉面何为正宗？何为不正宗？凡是执行了甘肃省质量技术监督局于2000年、2003年颁布的《兰州牛肉拉面地方标准》《兰州牛肉拉面馆（店）分等定级地方标准》的规定，并按上述文件执行的牛肉面馆都是正宗的。

《兰州牛肉面地方标准》（注：《DB62/T685-2000兰州牛肉拉面》地方标准于2014年6月1日已废止）中明确规定了“兰州牛肉拉面规范立项标准”：

一大碗牛肉面熟面条的净含量必须为275克，小碗牛肉面熟面条的净含量不得少于175克。

目前，兰州市牛肉面馆所售牛肉面的重量（面的净含量）早餐多为100克~125克，中餐135克~150克。一碗牛肉面的平均重量为135克。

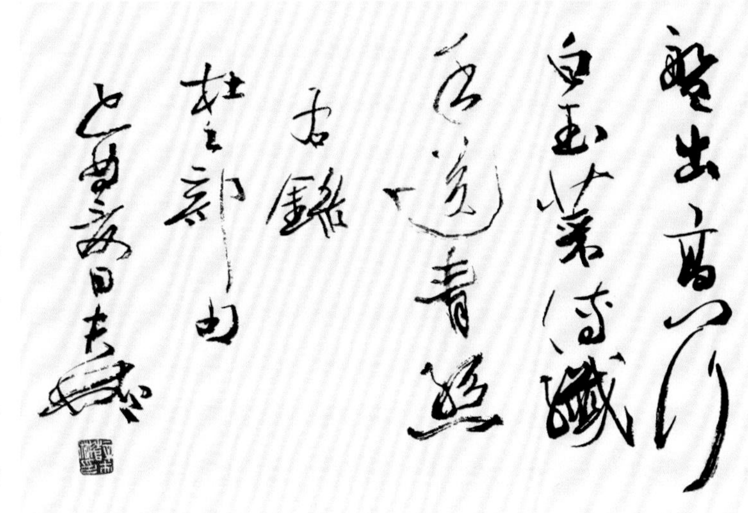

中国书法家协会第四届理事，北京市书法家协会第二、第三、第四届副主席薛夫彬先生为作者美食著作题词：“盘出高门行白玉，菜传纤手送青丝。右录杜工部句。乙酉夏日，夫彬。”

在尺寸标准方面，毛细的面粗直径为0.1厘米，细面的面粗直径为0.2厘米，二细的面粗直径为0.3厘米；韭叶的面宽为0.5厘米，宽面的面宽为1.5厘米，大宽的面宽为2.5厘米。

对毛细、细面、二细面条的要求是粗细均匀，不粘连、不断条；对韭叶、宽面、大宽面条的要求是厚薄均匀，宽窄一致，不粘连、不断条；对荞麦棱面条的要求是粗细均匀，棱角分明，不粘连、不断条。

对成品面的要求要做到一清、二白、三红、四绿；粗细、宽窄一致，软硬适中，筋道，不夹生。肉汤清亮无渣，肉丁1.5厘米方块，大小均匀；萝卜片白、不夹生，厚薄大小适宜（4.0cm × 2.5cm × 0.2cm）；辣椒油红亮；蒜苗、香菜新鲜翠绿；香气宜人，汤鲜味浓，麻而不闭气，辣而不烈，肉丁烂香，萝卜片可口。

2010年7月，兰州商业联合会制定的《兰州牛肉面商标使用管理暂行办法》开始实行，兰州牛肉面行业有了统一注册的商标。凡是符合“兰州牛肉

面”注册商标使用条件的企业和个人都可以免费使用该商标。

2012年3月26日，国家人力资源和社会保障部正式批准了甘肃省人力资源和社会保障厅申报的《兰州牛肉拉面制作专项职业能力考核规范》文件，这标志着兰州牛肉拉面迎来了规范化、职业化、产业化发展的大好机遇，也标志着牛肉拉面师已成为我国的一个新的专项职业。

2018年6月，兰州牛肉

中国美术家协会第七、第八、第九届副主席杨晓阳教授为作者美食著作题词、题签

拉面行业协会公布了《兰州牛肉拉面经营规范标准》，从而使兰州牛肉面（拉面）的行业管理走上了更加规范的道路。

2018年5月，兰州牛肉拉面行业协会向兰州市民发起为兰州牛肉面重新起名的活动，为了与“台湾牛肉面”“山东黄花牛肉面”“四川内江牛肉面”“湖北襄阳牛肉面”“兰溪牛肉面”等有所区别，突出兰州牛肉拉面的制作手艺，建议广大市民重新为兰州牛肉面起个响亮的名字。兰州的“牛大控”们纷纷响应，有叫“兰州牛大”的，有叫“兰州牛大碗”的，有叫“金城面”的，也有坚持叫“兰州牛肉面”的，还有提议就叫“兰州拉面”的，等等。

为此，甘肃省兰州拉面产业联合会秘书长翟兆哲先生认为应该叫“兰州牛肉拉面”为好。他认为原因如下：“第一，兰州市政府当时注册的是‘兰州牛肉拉面’（注：早在2005年5月22日及2006年5月22日，兰州牛肉拉面行业协会就向国家商标局申请注册‘兰州牛肉拉面’商标，但未注册成功；2007年9月21日始，兰州商业联合会作为申报主体，共7次向国家商标局申请注册‘兰州牛肉拉面’商标；2010年5月，国家商标局通过了‘兰州牛肉拉面’的注册申请，商标使用期限为2010年3月28日至2020年3月28日）；第二，我们的地理商标是‘牛肉拉面之乡’不是‘牛肉面之乡’；第三，牛肉面全国有很多，唯有拉面兰州是最好的；第四，拉面可以表现出来，具有观赏性。”

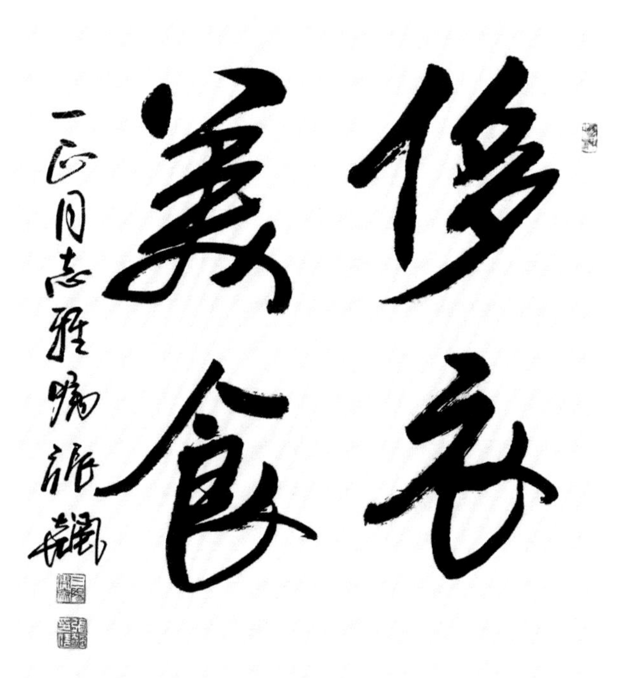

中国书法家协会第四届驻会副主席张飙先生为作者美食著作题词

八、青拉兰拉

兰州牛肉面是兰州人发明的，但使兰州拉面在全国得到普及、叫响的却是青海人，尤以青海海东“两化”，即海东化隆回族自治县和循化撒拉族自治县的回族、撒拉族、东乡族人开的拉面馆居多。

中国伊斯兰教协会第四、第五、第六届副会长，著名伊斯兰教文化学者马贤先生为作者美食著作题签。

全国兰州牛肉拉面（兰州牛肉面）行业已形成所谓“兰拉”、“青拉”各自不同的拉面风味。

青拉即“青海拉面”，更为准确地叫法应该是“化隆牛肉面”或“化隆拉面”，主要是指由青海省海东市（原海东地区）化隆回族自治县的民众制作的拉面；同时，还有一个隶属于海东市在位于化隆县南部的循化撒拉族自治县的民众也擅长制作拉面，人们把这两个县民众以及大通、尖扎、门源、贵南等青海民众制作的拉面通称“青拉”。

20世纪80年代，化隆人马贵福、韩录、马乙卜拉、韩东、冶二买等人率先将拉面馆开到厦门等沿海城市，以此进行创业。之后，化隆县及循化县的群众纷纷加

中国书法家协会第六、第七届理事，山西省书法家协会第五、第六届主席石躍峰先生为作者美食著作题词：“色鲜味香。一正大雅。石躍峰。”

入了这个拉面创业大军，把拉面馆开到全国各地乃至世界许多城市。拉面日渐成为化隆人及循化人改变人生命运的“金钥匙”。

青海“拉面经济”模式已初步形成以餐厅经营为主，餐厅务工、餐厅转让中介服务、为餐厅贩运牛羊肉等为辅的多业并举“两化拉面”产业链，在吸纳剩余劳动力、增加农民收入方面发挥了重要作用。

化隆县人民政府官网显示，化隆县人口是30.05万人（2019年12月），循化县人民政府官网公布的循化县人口为16.16万人（2019年12月），两县人口合计不超过47万人。其中两县民众从事与拉面有关的人员达到20万人，占两县总人口的42%。

中国书法家协会第五、第六届理事韩亨林先生为作者美食著作题词：“郇厨味美。一正先生惠存。丁酉年秋月于聚雅堂，韩亨林书。”

化隆县有231个拉面村（如群科镇的团结一村、德恒隆乡的牙曲滩村等），16.4万以上的拉面人在全国271个大中型城市和11个国家及地区开办拉面店2.5万家，有9万人是通过拉面脱贫的（数字统计截至2016年年底）。化隆县的“拉面经济”已占据化隆县农民纯收入的半壁江山，农民纯收入的53%来自拉面餐饮行业或拉面相关的产业链。由此可见，化隆县的拉面经济已撑起了青海拉面经济的“半边天”。

据海东市人民政府官网2018年2月8日报道：“循化县在上海、深圳、北京、

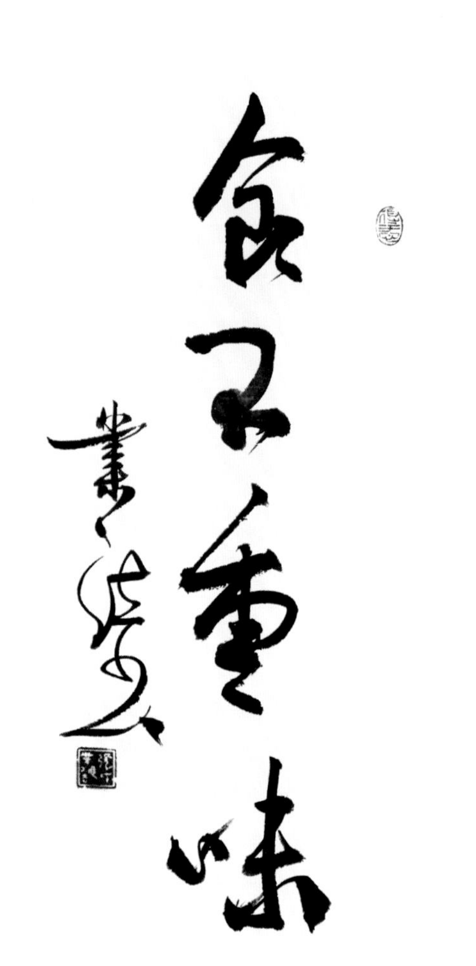

中国书法家协会第五、六届副主席张业法先生为作者美食著作题字："食不重味。业法书。"

杭州等全国各大城市经营的拉面馆已达7500家，从业人员3.6万多人，拉面经济收入（含务工收入）达10亿元以上。'拉面经济'已成为循化县'大众创业、万众创新'和促进农村贫困群众增收致富的有效途径。"

像循化县的白庄镇山根村、下拉边村、科哇村、条井村，积石镇的新建村等都是"拉面村"。循化拉面人在全国各地开办的"撒拉人家"有7430家。循化县的"拉面经济"与"一核两椒（核桃、花椒、辣椒）"及牛羊肉等特产共同构筑了农业经济、劳务经济和民营经济的发展。

其他像西宁市的大通回族土族自治县以拉面经济转移就业的有2400余户，从事拉面行业的有9600多人，实现年劳务收入3.3亿元（数字截至2016年底）。

又据青海省人民政府官网2019年6月19日转自《青海日报》《拉面产业高质量发展与就业创业》报道："截至2018年底，我省群众在全国各地及境外地区开办的拉面店总数增至32262家，从业人员达到18.99万人（到2020年初，从事拉面经济的人员已超过20万人。在全国31个省市1696个县区经营拉面店）。

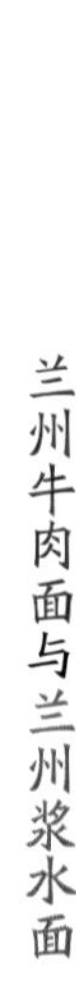

著名表演艺术家、书法家张铁林先生为作者美食著作题词：
“兰馐荐俎，竹酒澄芳。仰缶庐存。丁酉，张铁林书。”

在外开办拉面店较为集中的前5个地区是广东省、浙江省、上海市、山东省、天津市。据测算，我省群众在省内外开办拉面店经营性收入达181.9亿元，利润约66.6亿元，从业人员工资性收入约70亿元。其中，拉面经济发展重点地区海东市群众开办拉面店2.73万家，占全省开办拉面店总数的84%，从业人员达17.3万人，占全省拉面经济从业人员总数的91%，经营性收入达154.8亿元，从业人员工资性收入约63.9亿元。”

另据2019年6月11日海东市副市长刘振华在阿联酋迪拜举行的“2019中国青海拉面演示推介暨投资洽谈会”上讲，青海海东市有着悠久的美食文化，目前海东市在全国270余个城市和全世界10多个国家和地区约有2.72万家拉面企业，拉面企业年营业额达到200亿元人民币。拉面产业是海东市重要的民生产业和支柱产业，也是海东市连接“一带一路”和对外开放的金名片。

为此，青海省省长刘宁在2019年9月4日国新办新闻发布会上表示，青海在劳务输出方面集中打造“拉面经济”，许多名为“兰州拉面”的面馆实际上是从青海化隆走出来的。青海的拉面是向兰州学习的，但可以说是青出于“兰”而胜于“兰”。

2020年1月17日，海东市第二届“青海年·醉海东”活动在互助县举办，启动仪式凸显酒、歌、绣、面四大河湟元素。酒即“青稞酒”，歌为“花儿

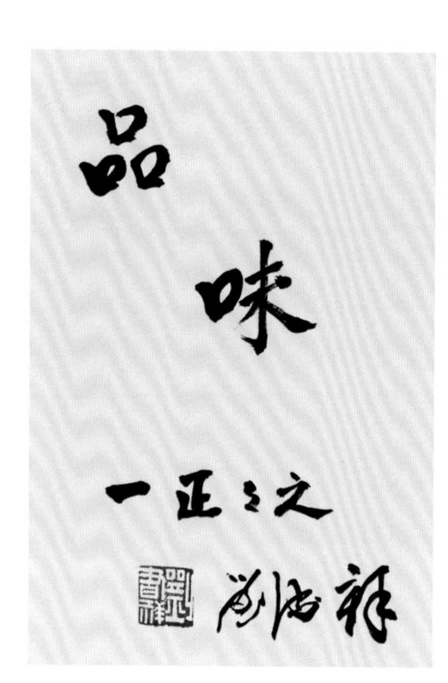

中国伊斯兰教协会第七届副会长刘书祥先生为作者美食著作题词：“品味。一正正之。刘书祥。”

（青海花儿）”，绣是“青绣（互助盘绣、古驿平安绣、撒拉族刺绣）”，面乃“化隆牛肉面（海东牛肉面）”，将全方位、多角度地展示“彩陶故里、拉面之乡、青绣之源、醉美海东”之独特魅力。

据新华网2016年3月10日报道，2016年3月10日，十二届全国人大四次会议召开之际，习近平总书记来到青海代表团参加审议时，“有代表谈到精准扶贫，介绍了青海扶贫攻坚举措，包括劳务输出过程中形成了像‘拉面经济’这样的品牌。总书记询问青海拉面的由来、与兰州拉面的区别、经营拉面人员的情况。听说现在青海有2.8万家拉面店，有18万人在全国各地从事拉面经济，不少人都由此成为了企业家，总书记对此表示肯定。”

中国民族宗教网2020年2月18日发表的《拉面经济拉动青海脱贫攻坚》一文中指出：“李克强总理在中央民族工作会议上指出，青海通过拉面产业促进脱贫致富的做法，走出了一条具有青藏高

与刘书祥先生（右一）、陈广元大阿訇（右二）及洪长有先生（中国伊斯兰协会第八届副会长兼秘书长）合影

原民族特色的脱贫攻坚产业发展之路。”

目前，青海拉面存在着规范名称的问题，化隆县政府还发文，化政办【2018】84号《化隆回族自治县人民政府关于转发“化隆牛肉面”品牌宣传推广计划的通知》，鼓励化隆县拉面企业使用“化隆牛肉面”的品牌，并给予企业相应的奖励。在化隆县人民政府的官网，还专门开辟了“拉面经济”专栏。

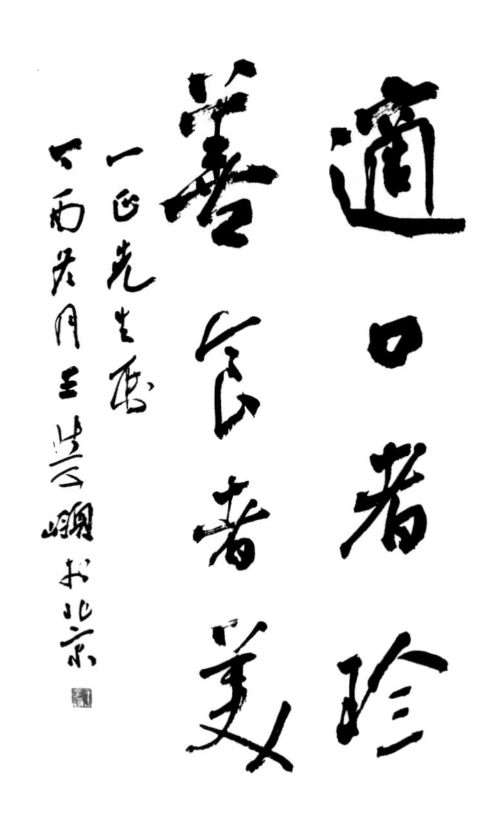

中国书法家协会第五、第六、第七届理事王学岭先生为作者美食著作题词：“适口者珍，善食者美。一正先生嘱。丁酉冬月，王学岭于北京。”

青海拉面叫法多样，如“青海拉面”“西北牛肉面”“西北化隆拉面”等等，叫得多的是“化隆拉面”和“化隆牛肉面”。如果为了与“兰州牛肉面”有区分且带地理标志的话，还是叫“化隆牛肉面”为好。“化隆牛肉面”和“循化撒拉人家”已被国家工商总局商标局核准注册，填补了青海省无集体商标注册的空白，成为了青海省拉面经济的代名词。

在伊滋味牛肉面老板马真用微信传给我的有关青海牛肉（拉）面的资料中，有一幅海东市地方品牌产业培育促进局制作的宣传“青拉”的推介画，上写“培育性地理标志品牌‘青海拉面’；品千年之味，寻一面之缘；‘大美青海与你的距离只有四千年前破土而出的这碗面’。”

该宣传推介画正好点出1999年在青海省民和县官亭镇喇家村喇家遗址出土

的、迄今4000年前的面条。这是至今出土发现中国最早的面条，也是青海拉面人责无旁贷地传承中华饮食文化的责任所在。

兰州牛肉拉面行业协会会长马利民在2020年兰州牛肉拉面行业协会网站的《会长致辞》中讲道：“兰州牛肉面企业在全国开设牛肉面馆已达3.5万余家，带动就业60多万人，年营业额650多亿元，已经成为不容忽视的大产业。”

中国国家画院原副院长、中国书法家协会第四、第五、第六、第七届理事曾来德教授为作者美食著作题词：“食之有味。一正谈吃。来德。”

又据甘肃兰州牛肉拉面产业联合会网站2020年1月在其“甘肃省牛肉拉面产业联合会简介及发展战略概述”中说：“据不完全统计，全国以‘兰州牛肉拉面’为品牌名称的餐饮店面在5.2万家以上，而包括兰州本土店面在内的正宗兰州牛肉拉面不足3000家。全国兰州拉面产业的总产值超过200亿元，而兰州本土企业占到不足20亿元。”

由此可见，甘肃兰州牛肉拉面产业联合会网站与兰州牛肉拉面行业协会网站统计的数字是有出入的。

就这两组数字有出入之事，我于2020年5月给甘肃兰州牛肉拉面产业联合会的秘书长翟兆哲先生打电话咨询。翟秘书长告诉我说，这个数字不准确，是来源于民间的统计数字，而且也已过时（不是近年的统计数字）。据翟秘书长说，兰州有牛肉面馆1300家左右，其中清真牛肉面馆占到95%以上，全国有兰州牛肉拉面店（馆，含“兰拉”“青拉”）6万家以上，年销售额在700亿元以上。

中国书法家协会第六届理事、陕西省书法家协会第三届主席雷珍民先生为作者美食著作题词：“精食安步。一正先生存之。珍民草。”

与此同时，我又给兰州牛肉拉面行业协会的马利民会长打电话，就他在兰州牛肉拉面行业协会《会长致辞》中讲的“兰州牛肉面在全国开设牛肉面馆已达3.5万余家……”这组数字进行印证。马会长说，这组数字也早已过时了，而且是以前统计的。因正赶上马会长来京开十三届全国人大三次会议，他要等开完会回兰州叫协会拿出最新的一组统计数字后告诉我。

看来要得到最新的统计数字，还需假以时日。

如果按甘肃兰州牛肉拉面产业联合会翟兆哲秘书长说的数字及兰州牛肉拉面行业协会统计的数字测算，把青海省和甘肃省在全国及世界各地的拉面馆加起来有7万余家，年营业额将超过800亿元。

其实，若不是甘肃省（特别是兰州市）本地人，除在甘肃省以外吃到的“兰州拉面”几乎都是青海化隆人开的，循化人开的纯兰州拉面馆相对少一些，多以一些像“撒拉花儿餐厅”“骆驼泉餐馆”“西北花儿餐厅”等带撒拉族特色的美食，拉面只是其中的一个品种。

循化县撒拉族群众开的餐饮店多为“撒拉人家”系列。主要以“拉面系列”“特色民族餐系列”“农家小吃系列”“以茶餐为主的简中餐”四大系列。

杨贯一大师为作者美食著作题词：“加餐饭。刘一正画家雅正。世界御厨杨贯一题。二〇〇一年十月十二日于北京。”

兰州人（甘肃人）大规模在甘肃省以外开兰州拉面（牛肉面）馆的时间远没有化隆人在本土以外开兰州拉面馆的时间长。非兰州人（甘肃人）一般吃的第一口（在兰州市以外）兰州拉面都是化隆牛肉面。

现在“兰州牛肉面（兰州拉面）”和“化隆牛肉面（化隆拉面）”早已难分伯仲，谁家的面做得更好吃呢？很难说出高下，各有各的风味。

那么，“青拉”与“兰拉”究竟有何区别？

“青拉”与“兰拉”的主要区别是在食材的选用上。食材主要指的是牛肉，两者拉面所用的面粉（现主要选用拉面用面粉）及抻拉手法几乎一样。

“兰拉（兰州牛肉面）”中多用黄牛肉，“青拉（青海牛肉面暨化隆牛肉面）”多用牦牛和犏牛肉（牦牛与黄牛杂交的后代）。

青海是牦牛的主产区，草原面积3647万公顷（统计数字截止到2019年12月底），是全国五大牧区之一，牦牛数量占全世界的38%（截止到2019年12月

在香港著名烹饪大师杨贯一先生的“富临饭店”品尝杨老烹饪的佳肴。

底），有500万头牦牛生长在青藏高原。青海从事牦牛肉、奶、毛绒加工的企业有500多家，其中国家级龙头企业11家，产品种类达到200多种。

青海产的牦牛和犏牛吃的是中草药（如贝母、藏雪莲、虫草、板兰、红花等），喝的是矿泉水，牦牛和犏牛肉质营养价值高，味道鲜美。《吕氏春秋》记载“肉之美者，牦象之肉”，说的就是牦牛肉。用牦牛肉制汤是“青拉”的一大特色。

仅举在全国各地开有20多家（包括加盟店）青海化隆牛肉面店的“伊滋味”牛肉汤的做法为例。

著名画家郭石夫先生为作者美食著作题词：“甘脆肥酿，郇国厨丰。一正同志嘱。石夫书。”

选用新鲜（最好是当天）宰杀的牦牛肉（犏牛肉、黄牛肉）来制汤，主要步骤和制作方法如下：

把洗净切成大块的牛肉、劈成小块的牛骨用清水浸泡5个小时左右。大锅（不用铁锅）注入清水，下用净水浸泡过的牛肉、牛骨及牛骨髓（亦可加入整鸡）；锅开后打去浮沫，加生姜、葱等，再加入牛油；见牛肉熟时将其捞出，继续炖煮牛骨，炖煮6~7个小时后，见牛骨中的油汁全部渗透溶入牛肉汤里时关火。

另取一口大锅（比炖煮牛肉、牛骨的锅小点儿），舀入炖煮牛肉、牛骨的原汤，锅开后加香辛料包（一次性大约做25公斤的再加工牛肉汤，用650克左右的香辛料。香辛料有草果、花椒、姜皮等30多种，要磨成粉，放入香辛料包中。香辛料包的制作，要根据南北食客的不同口味，增减和调配香辛料的品种），再将汤中的浮沫撇去，加盐、味精等调味料。加工好的牛肉汤要在火上始终保持微开，煮熟的拉面直接浇此汤即可。

“青拉”在炖煮牛肉的原汤时不放盐，只放生姜、葱（其他香辛料不放），煮出来的牛肉没咸味，食客吃面时上面的牛肉（牛肉片、牛肉丁）要泡在汤里，否则没咸味。第二次再加工的牛肉汤也不放水稀释，只用香辛料和盐、味精等调味。

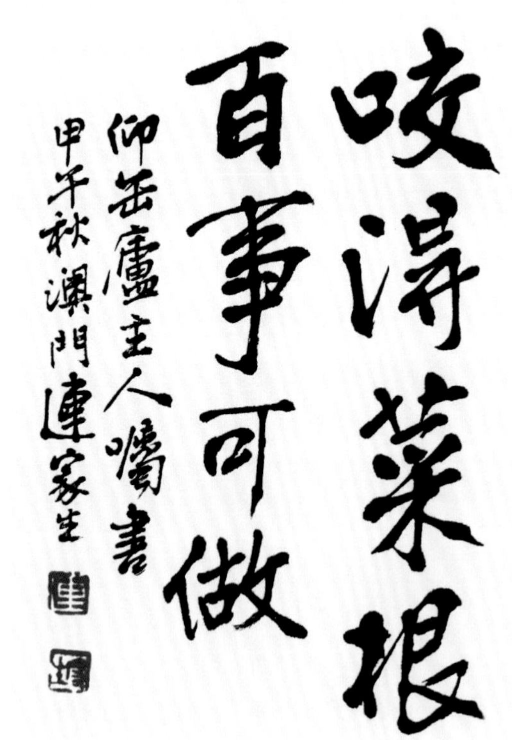

中国书法家协会第六、第七届理事，澳门书法家协会主席连家生先生为作者美食著作题词。

因为早年间“青拉”的面馆多开在南方沿海城市如厦门、广州等地，为了照顾食客的多种选择，除卖牛肉面外，还要卖些像炒面片、拉条子、盖浇饭等品种。用炖牛肉的原汤也可以烹饪其他菜品。炖牛肉的原汤当烹饪菜肴时的高汤用，在炒菜时多用来收汁。

兰州的牛肉面馆大多只卖单一的牛肉面，每天牛肉汤的消耗量非常大，必须做出足够量的牛肉汤才能满足当天食客的需求。所以在炖煮牛肉时汤中一次性放入足够量的盐和香辛料，炖

与蔡澜先生合影

煮出来的牛肉咸度正好合适，而这时再用此汤浇面吃的话，食客会感觉味道咸了。原汤要加水稀释后才能浇面食用。

“青拉”的牛肉面馆所售的牛肉面只是众多品种中的一项，每日对牛肉汤的需求量没那么大，所以制出的牛肉汤还可兼顾其他菜肴的加工用途。

制作“青拉”的其他食材，如食用油（做油辣子用），需用青海产的菜籽油；辣椒用循化产的线辣椒等。

香港美食家、作家蔡澜先生为作者美食著作题词：“吃东西去。一正仁兄雅嘱。蔡澜。”

我个人体会，“青拉”比“兰拉”的味道膻一点儿。但是，吃就应吃这个味。凡纯吃草的动物的肉都膻，膻味重也是吃草多、吃人工饲料少的体现即原生态的表现。早在《吕氏春秋·孝行览·本味篇》就有“夫三群之虫，水居者腥，肉玃者臊，草食者膻”的记载。蔡澜也说，牛羊肉不膻无味！

作为穆斯林群众，真是从心底里感谢青海人。之所以这么说，是因为全国各地很少没有青海人开的拉面馆。下面，我就跟大家分享几个小故事。

有一年我同画家李广生朵思提去宁波，我们住的宾馆楼下就有一家青海人开的拉面馆。李广生比较“教门”，原本接待我俩的宁波市文联主席特意

安排当地书画界的朋友每天轮流宴请我俩，却都被李广生婉言谢绝了。他连宾馆提供的免费早餐也不吃。一天三餐就在拉面馆里解决。

还有一年，青海的穆斯林朋友请我们到义乌。我到义乌马上就有一种特别踏实的感觉，吃什么都方便，也放心。

一天晚上，义乌市清真寺的刘广乾阿訇请我们到一家叙利亚餐厅吃自助餐。吃完饭出门，晚上的义乌在五光十色的霓虹灯闪烁下，西亚的、北非的国家等地的穆斯林餐厅应有尽有，鳞次栉比。我真想在义乌多住上一阵子，从东头吃到西头，再从南面吃到北面，一家一家地把世界各地风味的穆斯林餐馆尝个遍。

银丝手里盘
十千入水抱成团
芫荽胜蕙兰
一正 纪念
马文云

中国伊斯兰教协会第九、第十届副主席马文云大阿訇抄录作者写的汉俳《兰州牛肉面》：“银丝手里盘，十千入水抱成团，芫荽胜蕙兰。”

我们要从义乌到杭州见杭州的画家吴立民先生，中途想在绍兴作短暂停留，参观一下鲁迅故居及兰亭。义乌的青海籍企业家给我们一行派了一辆商务车，负责把我们送到杭州。

上车后，我问司机是哪里人，他说是青海的穆斯林。我又问司机吃过早点

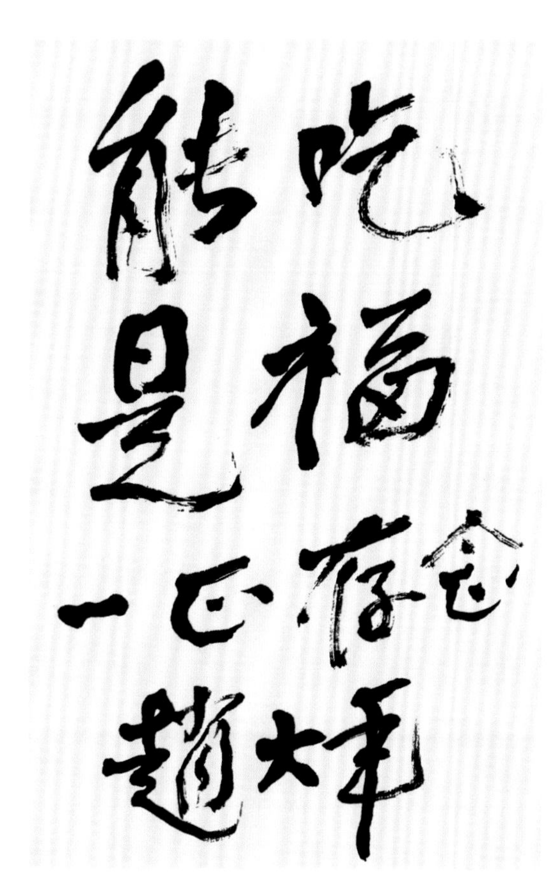

著名作家赵大年先生为作者美食著作题词："能吃是福。一正存念。赵大年。"

否，他说起晚了，尚未吃。

车子驶离义乌后，我们一行就劝他先吃点儿东西再开。从上午九点开到十一点均未找到一家清真餐厅。车子进入绍兴县后，终于见到一家清真兰州拉面馆。把车子停好，一进店，问开拉面馆的老板，他也是青海化隆人。

2015年的春节我是在厦门和福州过的。在厦门住在厦门宾馆，厦门宾馆离厦门步行街（商业街）很近。我们一家子带着小孙女去逛商业街。出宾馆走不远在马路对面就看见一个很显眼的招牌，上写"中化拉面"。我边走边看，边看边琢磨，"中化"是什么意思？是地名？是店名？我叫身边的小儿子用手机百度查一下"中化"是什么意思。他查了一下，说百度上没有解释"中化"的词条。

直到2015年6月的某一天，我忽然悟出了"中化"二字的含义，就是"中国化隆"的简写。你看，又是青海海东化隆人在外开的拉面馆，并已用"中化"拉面的品牌了。

一般来说，在青海人开的拉面馆吃饭比较放心。他们会严格按照伊斯兰的教规办事，不会有以次充好、偷斤减两的行为；拉面里放的是普通牛肉，绝不说是牦牛肉。青海人卖的拉面，用的基本上都是牦牛肉，可是为了减少运输成

本，会选用一些风干牦牛肉代替鲜牦牛肉。只要吃拉面时来一份儿加肉，用筷子夹上一片慢慢一品就会吃出来。

写到这，真得好好感谢青海的穆斯林同胞。没有他们在全国各地开的拉面馆，穆斯林同胞出门在外的吃饭真是不方便呀！

中国书法家协会第七届理事、河南省书法家协会第六届主席杨杰女士为作者美食著作题词："鲈脍韵，橙齑品，酒新香。刘一正先生惠存。杨杰书伊水老人词句。"

兰州拉面（兰州牛肉面）在甘肃省以外开的馆子很少有兰州本地人开的，多数是兰州市以外的甘肃人开的，属于"兰拉"范畴。

只有几家兰州牛肉面的大品牌在北京开有分店。像金鼎、东方宫、马兰、马子禄、黄师傅等连锁店，它们不光在北京有分店（连锁店），在其他许多大城市都开有分店（连锁店）。

在北京还有几家不错的兰州牛肉面馆，如燕兰楼、北京敦煌大厦、北京兰州宾馆、飞天大厦等。

北京敦煌大厦除有拉面（牛肉面）外，还有酿皮、羊肉串、手抓肉、灰豆子、羊肉烩面片、老酸奶、甜醅、黄焖羊羔肉、苦豆饼、东乡土豆片、大盘鸡等清真风味菜品及小吃。

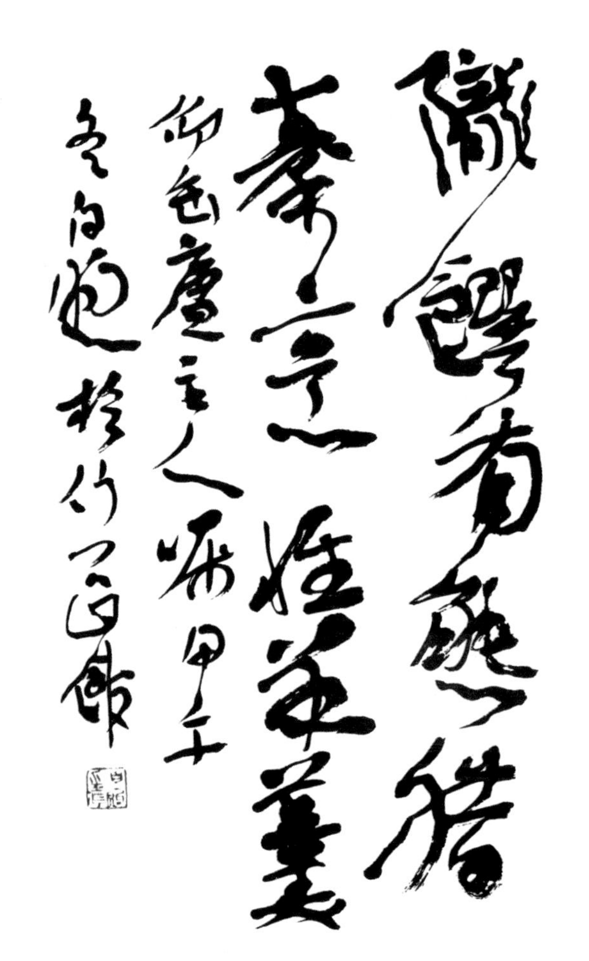

中国书法家协会第五、第六届理事，中国书法家协会第五届副秘书长白煦教授为作者美食著作题词："陇馔有熊腊，秦烹惟羊羹。仰缶庐主人嘱。甲午冬，白煦于竹石山馆。"

在2000年左右，我同国家民委办公厅原副主任刘隆同志到位于阜成门大街的敦煌大厦看望来京治病的甘肃省人大常委会副主任穆永吉同志。我们在敦煌大厦吃的晚饭。穆老是天水人，又是回族，他爱吃牛肉面。吃饭时，他特意为我们每人点了一碗牛肉面。我们三人都觉得这里的牛肉面做得地道，吃牛肉面比吃炒菜更过瘾。之后，凡是有甘肃和青海来的朋友吃饭，我都会推荐他们到这家餐厅吃碗兰州的牛肉面。

现在全国各地开的兰州牛肉拉面馆大多挂有一块兰州牛肉拉面的标识及写有"中国兰州牛肉拉面"的匾额。这个匾额的题写者就是穆永吉。穆老亦是一位书法家。现在我不管走到哪里去吃兰州牛肉面，一看到穆老题写的匾额，不

由得就让我怀念起了您老人家。

北京燕兰楼是兰州回族人开的。兰州回族或西北穆斯林同胞来京爱选择在此就餐。燕兰楼在北京开有多家分店。兰州牛肉面、手抓羊肉、烤羊排、河州包子、酿皮等陇原丝路美食是其拿手菜。

燕兰楼门口有副对联：

燕山地脉京风清馥飘千里

兰州特色陇味真醇进万家

这副对联点明了燕兰楼的特色。

2013年1月24—25日在北京钓鱼台国宾馆召开《首届（中国）清真产业高峰论坛》大会。会后，我本想直接回家，但一听会务组的人员说午饭去燕兰楼吃陇菜，还有地道的兰州牛肉面可吃，我也就所欣然前往了。

不光是我爱吃燕兰楼家的牛肉面，像甘肃来京办事的人员都喜食燕兰楼的牛肉面。

燕兰楼的老板叫苏德明，我同他哥哥苏德元相识。苏德元在位于北京西四大街的丁字路口处开了一家“兰州拉面馆”，牌匾是请杨晓阳院长题的“中华第一面”。苏德元请了不少书画家为其面馆挥毫泼墨。

2014年9月底，炎黄艺术馆

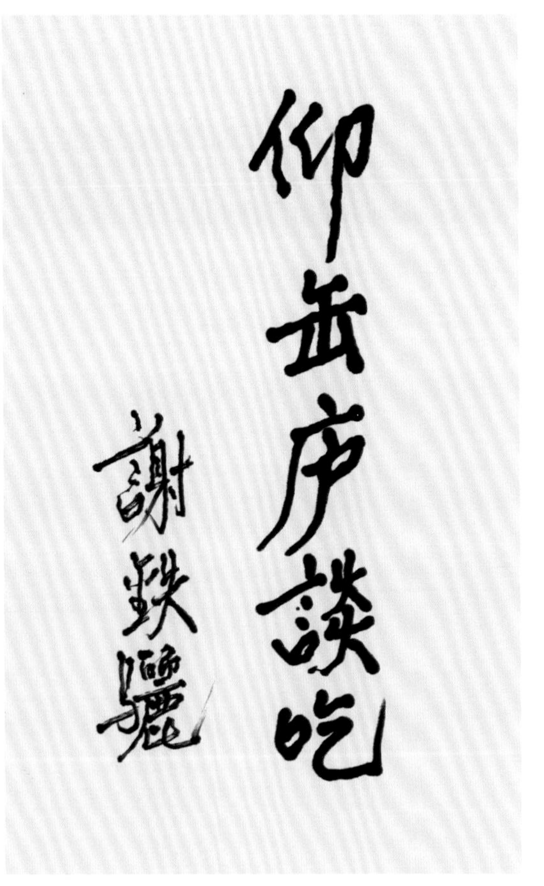

著名导演谢铁骊先生为作者美食著作题签。

崔晓东馆长为我的美食著作题了几个字，他将题字和定于9月30日下午在炎黄艺术馆开幕的《黄胄和他的时代大型文献展》的请柬交工作人员寄给我。工作人员没有保价，是作为普通特快专递交由申通寄出，我没收到。炎黄艺术馆的工作人员打电话通知我，崔馆长又为我重新补写了一份题词。我怕再寄丢了，就特意从广安门骑自行车去炎黄艺术馆取崔馆的题词，同时也拜观了《黄胄和他的时代大型文献展》。我骑自行车去还有一个目的，就是要到西四苏德元家的牛肉拉面馆吃一碗拉面。在苏德元家开的拉面馆，我吃了满满的一碗牛肉面，连一口汤都没剩。吃完面，悠悠闲闲地骑着自行车回家了。

仰缶庐主人嘱

錘文煉字譜華章

炒词煮句烹珍饈

甲午崔曉東題

炎黄艺术馆馆长、著名书画家崔晓东教授为作者美食著作题词

我为吃一碗牛肉拉面骑3个多小时的自行车，就是怕不锻炼后吃完面血糖高。以前，我和爱人步行一个多小时去马华家吃西部马华拉面，两人吃一碗牛肉面，回家一测血糖，我12，爱人9。不注意不行呀！

北京兰州宾馆位于海淀区西直门大街的金晖嘉园内，是兰州市政府开的。2007年兰州市评选出10家“市民最喜爱的牛肉拉面馆”，评选出的10家拉面馆

可免费享用兰州牛肉面标识的使用权。首块商标牌匾的使用权就授予了北京的兰州宾馆。

著名词作家、书法家陈田贵先生为作者美食著作题词：“清醥肥羜味兰州。一正先生存正。陈田贵，戊戌年夏月书。”

2012年的秋天，著名词作家陈田贵先生的诗歌座谈会在北京兰州宾馆举行。午餐就在兰州宾馆的地下餐厅吃的。

我对它家的两道美食记忆尤深，一是羊肚菌，二是牛肉面。

它家还有名菜像“金菊百合”“烤羊腿”“手抓羊肉”“风味羊脖”等，都很不错。

北京飞天大厦饭店多为甘肃籍进京人士下榻。2013年画家邓治平兄打电话给我，让我推荐一名篆刻家为甘肃省的两位朋友治印，同时还有两个条件，一是图章要刻得好，不要流行书风，要刻传统路子的；二是价格不要太贵。

我请杨曾葳先生为这两位朋友各刻一朱一白两方，章料是他们拿来的好寿山石。印章刻完后其中一位朋友特意到杨曾葳家致谢，并安排杨曾葳、邓治平和我在飞天大厦吃了一顿饭。我对飞天大厦的手抓羊肉、南瓜蒸百合及牛肉面印象较深。

饭后，朋友还送了我们每人两箱甘肃产的“静宁苹果”。苹果吃完后，我爱人还想吃，可北京买不到静宁产的苹果，我就给甘肃金昌的画家刘域星兄打

著名书画家唐双宁教授为作者美食著作题词："味之道。一正嘱。唐双宁，戊戌秋书于京城。"

电话，请他帮忙弄几箱静宁产的苹果。结果他寄来的是庄浪产的苹果，也挺好吃的。算是满足了我爱人的一次口腹之欲吧！

关于兰州牛肉面在坊间还有一个传说，说是清嘉庆年间一个叫陈维精的国子监太学生，他将从老家河南怀庆府清化苏寨村陈家老宅中带来的制作"小车牛肉老汤面"的秘方给了家境贫穷的甘肃籍东乡族同窗马六七。马六七拿着此方在兰州开了一家牛肉面馆，生活水平也逐渐得到改善。经陈维精之子陈位林，陈维精之孙陈谐声、陈和声等人对牛肉面加以改良并统一了"一清、二白、三红、四绿、五黄"的牛肉面标准。马保子又从挑担经营改为坐店经营，为日后兰州牛肉面的发展奠定了基础。

在百度百科"牛肉面"词条介绍兰州牛肉面的做法一栏中，还登有清王亶望所作《兰州牛肉面吟》作为佐证。

王亶望的《兰州牛肉面吟》诗是这样写的：

兰州拉面天下功，制法来自怀庆府。

汤如甘露面似金，一条入口赛神仙。

先不说诗的好坏，说说王亶望。

王亶望是清乾隆人，曾做过甘肃宁夏知府、甘肃布政使，浙江巡抚，因贪污被乾隆帝诛死。王亶望是于1781年就被乾隆帝处死的，陈维精是嘉庆朝（嘉

庆朝1796—1820年）人，他将祖传秘方传给同学马六七，马六七又拿着此秘方在兰州开店，这都是在嘉庆朝及嘉庆朝以后的事，与王亶望沾不上边。

再说所谓王亶望写的《兰州牛肉面吟》，稍有点儿诗词写作水平的人也会认为这不是诗，连好顺口溜都算不上。王亶望也是《四库全书》的编纂者之一，怎么能写出这样的诗呢？诗中所用“怀庆府”一词，显然不是出自王亶望之手，而是没有什么诗词写作水平的现代人胡诌的。查遍《全清诗》及《王亶望诗总汇》，均无此诗。

中国美术家协会第六、第七届副主席，北京画院院长王明明先生为作者美食著作题词

如果兰州牛肉面真的和陈维精的河南小车牛肉面有点儿关系的话，用“王亶望的《兰州牛肉面吟》”作为佐证，人们也就自然而然地认为是后人杜撰的。

兰州还有一家牛肉面的历史很早，也很有名，就是“马家大爷牛肉面”。马家大爷牛肉面馆声称自己是秉承了怀庆府清化陈家小车老汤牛肉面的做法，认为汤为百鲜之源，注重用汤，精于制汤，尤讲“清汤”的调制，并有“汤清亮、肉酥香、面韧长”九字制面真经。

据传其面馆遗有清张澍题写的手泽（我认为此副对联非张澍所作）：

离去屡回头犹羡清汤牛肉面香浓郁

过来频啧嘴直夸马家大爷炉火纯青

此外，还有其他食客题写的文句：

马家大爷美名播远方莫怪众人称天王

牛肉汤面贵客经门外难禁嘴角流口水

写的是牛肉面的一个“香”字。

又：

马家大爷鏖战三尺灶台热火朝天精烹牛肉汤面

堂倌伙计使出浑身解数埋头苦作只为满意食客

又：

清汤牛肉面香气袭人三碗再吃还嫌少

水爆牛肚仁味儿可口两碟仍添不算多

其中有一副写得挺有意思：

提着汤勺拉起扯面自命为锅边镇守使

端上大碗吃个二细称得上金城活神仙

张澍（1776—1847年，一说是1781—1847年），甘肃武威人，字时霖、寿合，一字伯（百）瀹，号介侯、鸠民、介白，嘉庆进士，官贵州玉屏、四川屏山、江西永新等县知县，是清文献学家。

与著名烹饪大师许菊云合影

他写有《马家大爷牛肉面》的诗作，现有关介绍兰州牛肉面的文章都有引用（我认为此诗非张澍

所作，姑且录之）。

诗文是：

雨过金城关，白马激雷回。几度黄河水，临流此路穷。

拉面千丝香，惟独马家爷。美味难再期，回首故乡远。

日出念真经，暮落白塔空。焚香自叹息，只盼牛肉面。

入山非五泉，养心须净空。山静涛声急，瞑思入仙境。

马家大爷牛肉面有三种，普通的是“大众牛肉面”，还有“富禄牛肉面”和“官府牛肉面”。如配上牛头肉、水爆肚仁儿和其他若干凉热荤素炒菜，当是牛肉面的“天王”和“至尊”了。

有一种兰州牛肉面，叫“云彩飞扬”，是用五种蔬菜的菜汁和面，绿色（菠菜）、浅绿色（紫甘蓝）、黄色（南瓜）、橙色（胡萝卜）、浅橙色（番茄），用和不同颜色的面团，抻拉成粗细不同的毛细、细、二细、三细、韭叶、薄宽、大宽、荞麦棱子和二柱子等形状的面条。这是位于黄河北岸安宁区伊尔伊拉面馆研发的五彩牛肉面。

中国书法家协会第四、第五、第六届理事朱守道先生为作者美食著作题词：“璚斝敲月，瑾盘刻花。一正先生雅正。岁在丁酉。朱守道。”

也有把兰州牛肉面做成极品版的，像“虫草牛肉面”等。当然，这离地道的兰州牛肉面已相去甚远了。

大多数人吃牛肉面时只选择茶叶蛋、酱牛肉（酱牛腱子肉以前腿小花腱子最好），或是凉拌

中国文联第八、第九届副主席，中国书法家协会第四、第五届副主席段成桂教授为作者美食著作题词：“雕盘绮食。一正先生嘱书。段成桂。”

土豆丝、海带丝、萝卜丝及芹菜腐竹等小凉菜中的一两样佐食。

兰州人在吃牛肉面时一般会点“一个面、一个肉、一个蛋”。这是吃牛肉面最经典的组合，兰州人亲切地称之为“肉蛋双飞”。

1999年，兰州牛肉拉面与全聚德烤鸭、天津狗不理包子被国家确定为中式三大快餐试点推广品种。兰州牛肉拉面由此晋升为“中华第一面”。同时，兰州牛肉拉面与山西刀削面、河南烩面、四川担担面、北京炸酱面、武汉热干面、昆山奥灶面、镇江锅盖面、杭州片儿川（片儿汆）、吉林延吉冷面并称为中国十大面食品种。

有人说兰州牛肉面姓“马”不姓“牛”。在兰州开牛肉面馆的十有八九的人是姓马的，像马子禄牛肉面、大马记牛肉面、马老十牛肉面、清真马宝忠牛肉面、马队长牛肉面、清真马俊礼牛肉面、马家大爷牛肉面、马有布牛肉面、马有才牛肉面（马有才牛肉面的故事）、马子云牛肉面、马六甲牛肉面、马三十六牛肉面、马五哥牛肉面、马宝斋牛肉面、清真马记兰州牛肉面、马家老字号牛肉面、清真小马牛肉面、马家兄弟牛肉面，等等。

吃兰州牛肉面，还是在穆斯林群众开的牛肉面馆吃地道，所谓“汤镜者清，肉烂者香，面细者精”的牛肉面标准能够淋漓尽致地被体现出来。兰州牛

肉面的发明人本身就是回族人，而且回族人一辈子吃的就是牛羊肉，烹制牛羊肉每家都有一套看家的本领。同样的食材穆斯林群众做出的饭菜味道，跟非穆斯林同胞做出的味道肯定会不一样，好吃的牛羊肉饭菜当然还是穆斯林群众做的了。

兰州牛肉拉面似乎有种魔力，人们在吃它的时候，都会不知不觉地比平时的食量要大，而且，对于常吃或日日吃的食客来讲，几天不吃心里就没着没落，好像少了点儿什么。兰州牛肉面确实是让人有一种被“勾魂”的感觉。

余秋雨先生在《五城记·兰州》也说过：“常听人说，到西北最难适应的是食物。但我对兰州印象最深的却是两宗美食：牛肉面与白兰瓜。……在兰州吃牛肉面，一般人都会超过平时的食量。”

中央电视台的主播中，李修平、水均益都是兰州人。李修平曾在《记忆中的兰州味道》一文中写道：“兰州人心态特别好，是不以物喜不以己悲、自得其乐那种。每天吃碗牛肉面就觉得生活特美好。”如果他们听到谁说兰州不好的话，还会与人家理论一番。水均益在《纯粹的一碗面·弥久的故乡情》中也写道：“从伊拉克回来的路上，没有上飞机时就开始琢磨着干的第一件事就是要找一家牛肉面馆，也许不是那么地道的、纯粹的牛肉面，但那也是一种味。吃完后依然很舒坦，就是种找到归宿的感觉，能够找着家乡的味道。”

历届主政甘肃省的领导也与兰州牛肉面有着不解之缘。

与著名学者余秋雨先生合影

2008年1月3日人民网在《凤凰卫视主持人胡一虎眼中的大陆官员》中，介绍了他在2004年拍摄《纵横中国·甘肃篇》专辑时，拍摄文案中有一个创意，想以牛肉拉面、《读者》杂志、敦煌莫高窟这“三宝”中的一宝形成情景关联，请时任甘肃省省长陆浩出镜，推介一下甘肃的地域文化。

当陆省长了解到拍摄文案创意后说：“这么好的创意干吗不配合呢？为甘肃吆喝两声，我义不容辞，也深感荣幸。”

后来播放的片子中，就可以看到陆省长坐在一家牛肉面馆中，身旁有一碗热气腾腾的牛肉面，只听他真诚地说：“兰州牛肉面，有空来尝尝……”

胡一虎还说，陆浩省长坦言自己吃了20多年的牛肉面，并建议胡也应将兰州宽细不同、风味不同的牛肉面都品尝一下，就如同从多个方面、多个角度了解甘肃的渊源历史和深厚文化底蕴一样。

2008年3月6日在“小崔会客·专访甘肃省省长徐守盛”的节目中，崔永元在与徐守盛交谈时说道：“……我听得出来，您是爱上甘肃了。”徐省长答道：“是。”崔又对徐说：“想方设法在夸甘肃。您肯定就是要在这儿扎根了。我不知道甘肃用什么办法把您俘虏的，就是兰州拉面吗？”

徐省长说道：“对，还有手抓羊肉，它是绿色食品。”

据中新网介绍，2019年6月5日甘肃省委书记、甘肃省人大常委会主任林铎

著名书法家曾翔教授为作者美食著作题词：“鲜衣美食。一正先生美食大家也。民以食为天，于此深究当为民族文化奉献耳。敬也。木木堂曾翔并记。”

在国务院新闻办公室省（区、市）系列新闻发布会上，介绍甘肃这片热土取得的成就时，推介了“一碗兰州牛肉面”等甘肃省的多个“一”。

浙江大学张浚生教授为作者美食著作题词：“求真。一正同志嘱。癸巳夏，张浚生。”

“一本书”《读者》，累计发行超过20亿册；“一部剧”《丝路花雨》，40年常演常新，长盛不衰，已演出数千场，“一碗面”兰州牛肉面，家喻户晓，现在遍及世界40多个国家，成为很好的产业，也是联系各地游客的纽带……

有一首《兰州牛肉面之歌》是这么写的：

兰州人都把那牛肉面叫做那牛大碗

二细三细毛细韭叶还有一种叫大宽

红红的辣油蒜苗香菜萝卜片牛肉蛋

清汤飘香再加点儿醋味道那叫一个窜

有回我出差到外地闲着没事把街转

眼睛一亮看见一个饭馆写着兰州拉面

我买了一碗吃了一口就不再把碗端

这简直就是打着兰州招牌的大呀么大一转

这简直就是打着兰州招牌的大呀么大一转

出差回家第一件事就是急着往回赶

匆忙跑到牛肉面馆我急着往里钻

点了个大宽要大碗我又加了两个蛋

吃得是过瘾脑门子冒汗心里真舒坦

这才是兰州自己的东西正宗的牛肉面

……

兰州人常常说兰州这座城市有三个“一”：

兰州只有一本杂志叫《读者》，她却培养了许许多多的“读者”；

兰州有一条河穿越这座城市，她就是全国人民的母亲河——黄河；

兰州有一碗面，所结之果分布在全国各地，她就是兰州的牛肉面。

九、面缘之旅

2015年7月是我最忙碌的一个月。7月4日至10日我与回族诗人闪世昌先生等一行去上海、慈溪、余姚、苏州等地参加“2015世界诗人暨世界文化大会”，回京小憩5天后于16日至25日又到西宁、兰州等地出差。

去西宁的主要目的是在西宁东关清真大寺与当地的穆斯林朋友一起欢度开斋节；去兰州是和当地诗人就“一带一路”如何用诗歌来表现，开个座谈会。

我和闪老一行是16日从北京出发乘Z151次列车于17日中午到达西宁的。接站的是西宁三江雪集团的董事长穆华峰。我们下车后被穆华峰直接接到他家用午餐。饭是穆夫人做的，有肉包子、

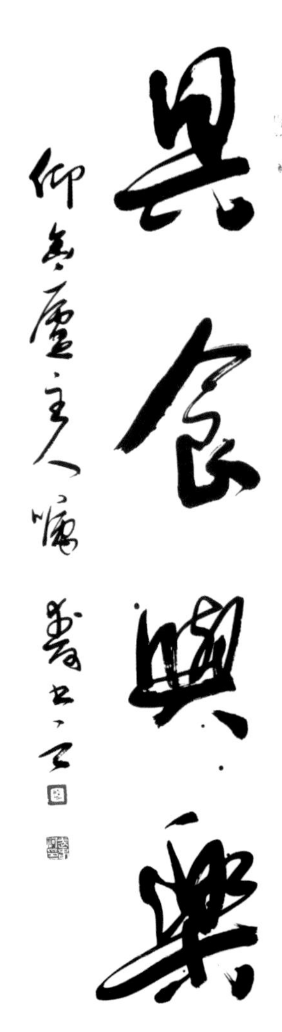

中国书法家协会第四、第五届理事武春河先生为作者美食著作题词：“具食与乐。仰缶庐主人嘱。春河书之。”

素包子、花卷、炒面、蚕豆炒山药、丸子汤、馓子等。

穆董告诉我们，西宁的开斋节是17日，而北京的开斋节是18日，我们也一直认为西宁的开斋节应是18日，不曾想西宁的开斋节提前了一天。穆董说，开斋节上午东关清真大寺做礼拜的人有30万左右，寺里没有那么大的地方供信教群众做礼拜，大多数的人是在东关清真大寺周围的马路上做的礼拜。场面非常壮观、震撼。

此次西宁之行，在我已是五游。也许是由于这次我刚刚完成《兰州牛肉面》的写作，见到西宁大街小巷有牛肉面的招牌就格外留意。

西宁市内及我后来所到的大通、门源、共和、湟中等地的牛肉面馆也都只写“某某牛肉面”，很少写“某某拉面”的字样。如“荣百鼎牛肉面”“麦吉牛肉面”“西关牛肉面”“震华牛肉面”“尚武牛肉面”“鼎盛牛肉面”“海龙牛肉面”“伊兰牛肉面”“木桥牛肉面”“伊萨姆牛肉面”“占富牛肉面”等。像“马子禄牛肉面”“占国牛肉拉面”“安泊尔牛肉面”等连锁店在西宁市等地也开有分店。

19日，穆华峰安排我们去门源看油菜花。一早儿，车子行驶在西宁市区的共和路上，我就看到“马子禄牛肉面”和“占国牛肉拉面”的招牌，穆董并没有选择这两家店中的一家吃早餐，而是特意

与西宁东关清真大寺教长马长庆大阿訇合影

安排在去门源途中路过大通回族土族自治县时吃点儿大通清真特色小吃。在大通一回族早点铺吃早点时，马路对面也有一家“马子禄牛肉面”馆，但未开门营业。因为17、18、19日穆斯林群众过开斋节，许多清真饭馆全都休假了。

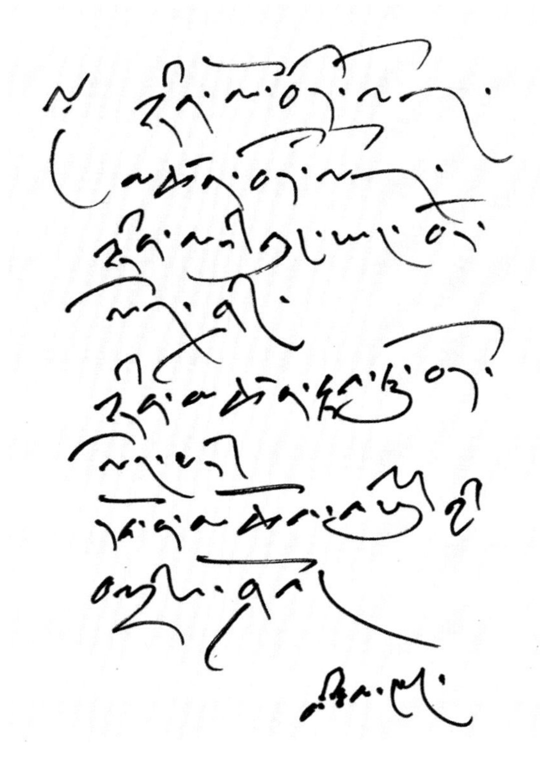

宗康活佛为作者题词：“白昼吉祥，夜晚吉祥，昼夜均得吉祥，愿三宝护佑吉祥安康！”

第三天，主人安排我们在“安泊尔牛肉面”吃早餐。牛肉面馆里等候吃牛肉面的人很多，我要了一碗牛肉面，是韭叶，另有一个卤蛋、一碗灰豆子及凉拌小菜等。那天我吃的安泊尔的牛肉面煮得火候不够，有些夹生，但汤还可以。总体来讲，安泊尔的牛肉面没有我想的那么好吃。但是，许多西宁人包括穆斯林人士都认为安泊尔的牛肉面很好吃。比如在西宁较有名气以烹饪西北清真私房菜著名的“周哥私

与塔尔寺寺管会主任宗康仁波切合影

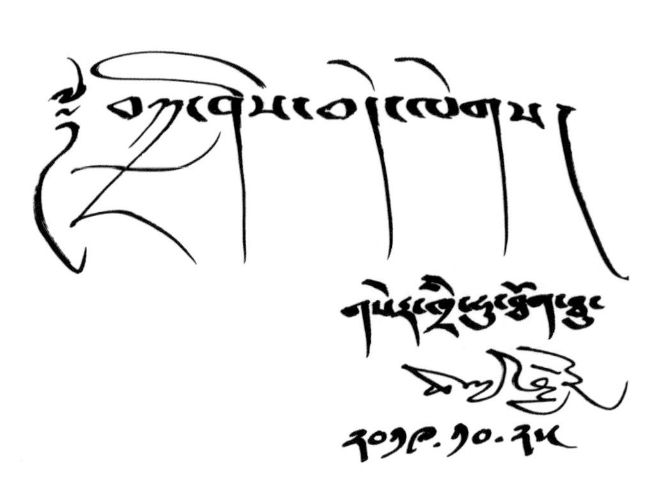

赛赤活佛为作者题词："祝愿吉祥如意！"

房菜"老板周义仁就亲口对我讲，安泊尔牛肉面是全西宁最好吃的"第一家"。

吃完牛肉面，因为我要去塔尔拜见宗康仁波切，陪同我们参观塔尔寺的郭生芳女士的师傅是索南尖措上师，他已在塔尔寺的家中备好了午餐等候我们。

我去塔尔寺，除拜见宗康仁波切之外，还想拜见赛赤呼图克图及寺管会副主任坚赞昂旦。由于到塔尔寺已是中午，宗康仁波切已经休息了，所以我向管家通报姓名并说明来意，宗康仁波切还是会见了我。

我离开宗康仁波切府邸急忙赶往索南尖措上师处，在索南尖措上师处匆匆吃了几口饭，就又驱车赶回到西宁市里与等待我们的伊滋味董事长马真兄相见。这样，赛赤呼图克图及昂旦副主任就没有时间拜见了。

在赛赤呼图克图府邸，与塔尔寺寺管会副主任赛赤活佛合影

我离开西宁的那天，西宁东关清真大寺马长庆教长打电话叫我一去。

与塔尔寺寺管会主任拉科仁波切合影

与马教长见面时，我将我写的“爱国爱教”“认主独一”“天方有古教，阳春布德泽”三幅书法作品送与马阿訇。这是我之前答应老人家的事。

中午马阿訇留我们一行吃饭，我对马老说，我们只想吃牛肉面，就不在寺里吃了。南关清真寺的金镖阿訇也留我们吃饭，但我们只想再尝尝西宁的牛肉面。

22日下午我们从西宁乘D2734次列车到达兰州，住在了兰州飞天酒店。

接风晚宴是在宁卧庄宾馆8号楼的牡丹园举行，出席的有兰州市作协副主席、著名诗人何岗及兰州理工大学教授、诗人王鹏鸣，赵幼诚等兰州文学艺术界人士。

与塔尔寺藏医院原院长扎西仁波切合影

第二天早晨7点钟，我们去吃“马子禄牛肉面”。何岗给每人要了一碗牛肉面，同时要了一碗炖牛肉，还有几样凉菜。马子禄的牛肉面，汤很醇厚，给我的感觉，

很像我们家里做的炖牛肉浇抻面。也可能是何岗要了一碗炖牛肉的缘故，他将一碗炖牛肉分别夹到我们各自的牛肉面碗里，吃时，就更像牛肉汤浇面了。这也使我更加理解为什么兰州人管该面不叫“牛肉拉面”而叫“牛肉面”的真正涵义了。它吃起来的的确确就像牛肉汤浇面，不像我们在北京等兰州以外城市吃到的兰州拉面的味道，那个味道绝没有在兰州吃时那么浓郁。

吃过牛肉面，我们在兰州大学参加北京—甘肃诗人联谊会。

前一天晚上，主办方就要求我们每位与会者写几首关于兰州的诗作，并要紧扣“一带一路”这个主题。

会上，让我第一个发言，并朗读自己的诗作。

我读了自己头天晚上写的三首汉俳习作，并在会上介绍了有关汉俳的情况。

我写的三首汉俳是：

兰州

玫瑰娅姹妍

织丝染路水河边

金城铸梦圆

（注：玫瑰是兰州的市花，金城是兰州的别称。）

兰州牛肉面

银丝手里盘

十千入水抱成团

芫荽胜蕙兰

中国美术家协会第七、第八、第九届副主席何家英教授为作者美食著作题词：“炊金饮玉。何家英题。”

中国美术家协会第七、第八届副主席，中国美术馆原馆长，中国文联第九、第十届副主席，中央文史馆副馆长冯远教授为作者美食著作题签：“仰缶庐谈吃。冯远。”

兰州百合

片片幸福包

美好香甜裹掖巢

玉艳正妖娆

牛肉面和百合都是兰州的著名特产。特别是在开会前的头天晚上，女诗人萱特地给我们每人送了一箱鲜百合，使我有了灵感。

山西省文联第八届主席张根虎先生为作者美食著作题词：“服田力穑，乃亦有秋。岁次戊戌年于并州。张根虎。”

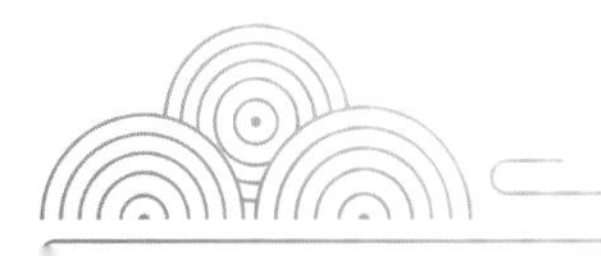

座谈会结束后，何岗本人做东又在宁卧庄宾馆2号楼清真餐厅设宴招待我们一行。

兰州卧牛庄宾馆的牛肉面是其主打小吃中的一味，它与河州包子、酸汤雀舌面、灰豆子及热冬果、甜醅、酿皮子，还有清水手抓羊肉、原味羊脖、红烧刘家峡野生黄河大鲤鱼等热菜，构成了极富金城特色的美食名馔。这些食物亦是外地人或外国人来陇就餐时必点的美味。

早在若干年前，我与著名诗人闪世昌先生入住卧牛庄宾馆时，接待方还特意请来马文斌师傅为我们表演兰州牛肉面的手工拉面技艺。

当众人观看马文斌师傅游刃有余地将一块面团在手中演化出细如毛发的面丝时，在场的人们无不对其精湛的拉面绝活表示由衷地赞叹！

因年近耄耋之年的闪老那天在场，马文斌师傅特意演示的拉面品种是毛细。据餐厅服务人员讲，兰州人一般给老人祝寿或有老人吃牛肉面时，都会点毛细。毛细象征福寿绵

敦煌壁画中
展现的历代美宴
成为当年的文
化习俗
一正学子惠存
常沙娜
二〇一八

著名敦煌学者、画家常书鸿先生之女，原中央工艺美术学院院长，中国美术家协会第五届副主席常沙娜教授为作者美食著作题词：“敦煌壁画中展现的历代美宴成为当年的文化习俗。一正学子惠存。常沙娜。二〇一八。”

作者与常沙娜院长合影

著名敦煌学者、画家常书鸿先生为作者美食著作题词："危岩千窟对流沙，卌载敦煌万里家。拨蕴钩沉搜劫烬，常将心力护春华。癸亥秋日书邓拓同志赠诗句以应一正同志雅嘱。常书鸿时客京华。"

长。兰州人也管毛细叫"龙须面"。

马文斌师傅拉一碗牛肉面少则用15秒钟，多则用30秒钟。马文斌师傅的拉面技艺也被记录在中央电视台拍摄的《舌尖上的中国》影像中。

这回我在兰州市的 3 天时间里，走马观花地看到的牛肉面店家有：占国牛肉拉面（也有写"占国牛肉面"的）、君乐牛肉面、源塞牛肉拉面、马有布牛肉面、伊兰堡牛肉面、默格牛肉面、胖子牛肉面、建军牛肉面、丰谷川牛肉面、马有才牛肉面（也有叫"马有才牛肉面的故事"）、马古拜牛肉面、大桥牛肉面、马香莲牛肉面、唏嘛香牛肉面、兰香汇牛肉面、塔山半坡牛肉面等。

接待我们的司机介绍说，现在兰州牛肉面最好吃的有安泊尔、东方宫、舌尖尖、吾穆勒等几家。

知道我正在写有关《兰州牛肉面》的文章，

中国书法家协会第六、第七届理事张公者先生为作者美食著作题词："饮和食德。一正先生嘱书。容堂张公者。"

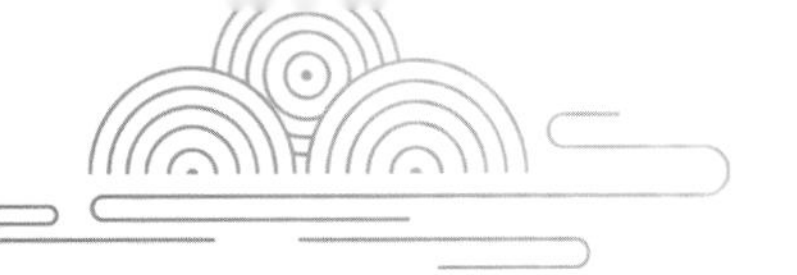

兰州诗人邹紫楠特意将他写的《兰州牛肉面》诗作发给我，现录之：

兰州牛肉面

■邹紫楠

男人的手从未这样灵巧
会让面在空中飞舞
粗细圆扁均匀地从指缝间拉出
这是真正令人心动的魔术
什么麦当劳肯德基
怎能比得上
这一清二白三红四绿
千丝万缕面如雪
蓬灰助味心知觉
晨起饥餐君常羡
金城美食堪称绝
轻轻地嗅一下诱惑立即散开
还哪管它汗水泪水掩面
我早已吃得不能自拔

国学大师、北京大学教授汤一介先生为作者美食著作题词：“下学上达。一正同志留念。壬午年夏。汤一介。”

2016年7月4日晚我又与闪世昌老一行乘Z277次列车到同心过开斋节。

5日一大早，列车到终点站银川，我们就直奔宁夏电视台，拜会宁夏电视台党委书记张锋及宁夏广电局的尤峰导演。

从张锋书记处出来后，我们感觉肚子很饿，就在一家叫“又一新拉面”馆吃牛肉面。它家的牛肉面里放有许多指甲块大小的豆腐丁，这是有别于传统兰州牛肉面之处。

在宁夏欢度开斋节期间，我去了同心、青铜峡市、利通区、中宁、灵武、兴庆区、金凤区、西夏区等地。这里的牛肉面馆也很多，且都称为“牛肉面”馆，像“京都府邸牛肉面”“伊品斋牛肉面”“杨麻乃牛肉面”“杨哈子牛肉面”“最花溪牛肉面”等等，叫“牛肉拉面”馆的相对少一些。

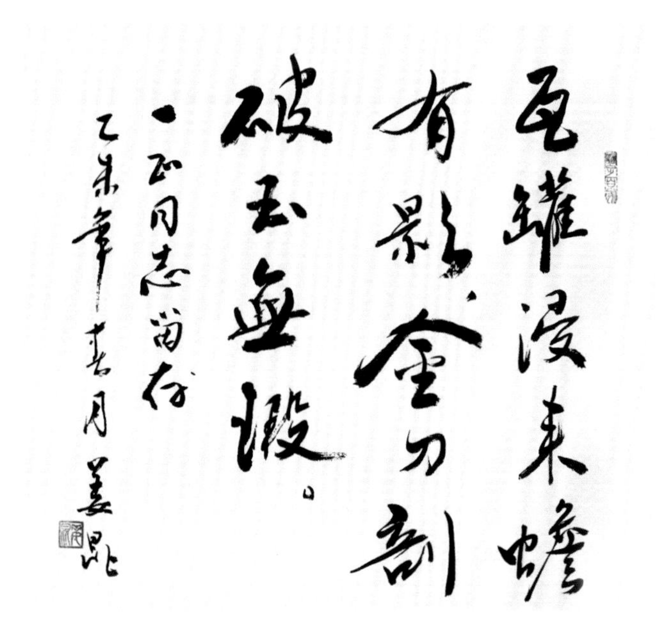

著名相声表演艺术家、书法家姜昆先生为作者美食著作题词：“瓦罐浸来蟾有影，金刀剖破玉无瑕。一正同志留存。乙未年春月，姜昆。”

从银川启程，我们一行又到了兰州、张掖、酒泉和嘉峪关。在甘肃期间，我的早餐，都选择吃牛肉面，我不吃饭店提供的免费早餐，为的是真正领略牛肉面的风采。正像“舌尖尖牛肉面”馆的广告词：“这里，是甘肃；这里，是兰州；这里，传统牛肉面，从舌尖尖开始……”而我此次甘肃之行恰巧在兰州吃的第一顿午饭也正是“舌尖尖牛肉面”。

在张掖，我对一家位于西环路的“阿拉兰牛肉面”馆印象较深。它家是个加盟店，总部在兰州，面做得地道。我在它家吃了两次牛肉面。除做牛肉面外，它家还有拌面、炒面等。特色小吃有牛奶鸡蛋醪糟、甜醅子、灰豆子、油果子、凉皮子及馓子等。

在嘉峪关市，牛肉面馆更是多得很，特别是在兰新东西路两旁。我粗略地记了一下嘉峪关市兰新东西路周边的牛肉面馆，就有“国香牛肉拉面”“上品牛肉拉面”“沙力哈牛肉面”“金城蒋老五牛肉面”“伊味斋牛肉面”“王中

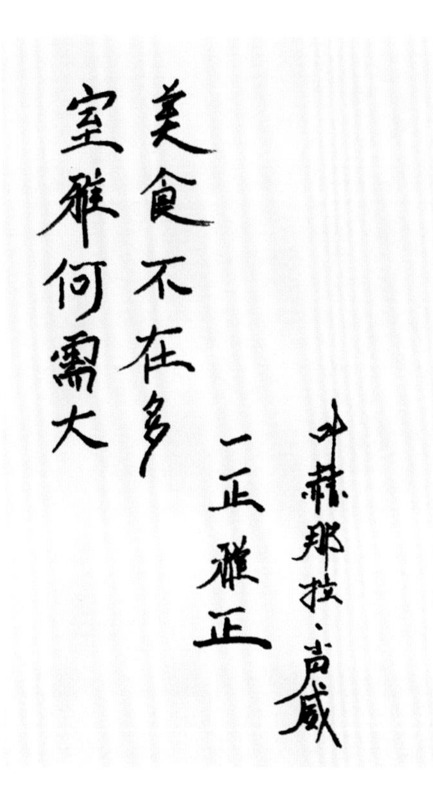

著名表演艺术家、主持人、美食家叶赫那拉·声威（那威）为作者美食著作题词。

王牛肉拉面”“蒸汽牛肉面”“阿布都牛肉面”“马松吉牛肉面”“阿西亚牛肉面”等。

一天早晨，我在位于兰新西路的“金香阁牛肉面”馆吃早点，它家的牛肉面卖5元一碗，还另送一个茶（卤）鸡蛋或凉拌小菜（银川市内也有吃牛肉面送茶叶蛋或小菜的，面卖6元一碗）。我在牛肉面馆边拍照边向拉面师傅请教有关牛肉面的问题。拉面师傅叫马学明，他所制“清汤牛肉面”，曾获甘肃省商业厅颁发的1989年“甘肃省名特小吃”奖牌。

我的拍照，引起了一位正在吃牛肉面的中年男子的好奇心，他主动向我介绍有关牛肉面及嘉峪关的知识。这位叫吴晓棠的先生是位民俗学者和史学家，在当地政府部门工作。晓棠先生与其父均是研究明史暨明长城方面的专家。晓棠先生毛遂自荐，为我们当起了向导，他指着我们脚下的兰新公路说，这条路在没有飞机和火车之前就是丝绸之路上的要道，有

著名国画家马硕山先生为作者美食著作补图《灌园秋蔬》。

甘肃省美术家协会第四、第五届副主席王晓银先生为作者美食著作插图《裕固早春》。

许许多多的重要人物走过这条路。

晓棠先生驱车，带我们了解有关明长城的遗址，特别来到嘉峪关与肃南交界的“讨懒峡谷”及“冰沟索桥”。

晓棠先生介绍说，所谓长城不光是指用夯土或砖块垒砌的城墙，它还包括壕堑、界壕、沟壑、峡谷等，凡是能够起到防御敌军进攻的障碍物且又形成规模的守卫工程都可统称为“长城”。他还说，历史上玉门关也曾东移至嘉峪关，玉门关就是丝绸之路上贩卖玉石的一道关隘。

当我们从嘉峪关南乘D2748次列车返回兰州时，在嘉峪关南的列车站超市里，我看见有卖盒装的方便牛肉面，价格是24元一盒，我就买了两盒，带上列车。

在乘坐回兰州的列车上，特别是途经青海门源时，正赶上油菜花盛开。

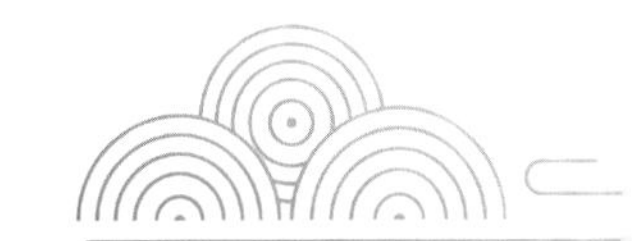

从车窗两旁望去，满眼金黄，犹如金黄丝线织就的地毯，铺展在大地上。油菜花的尽头是有着丹霞地貌的五颜六色的山体，白云在蓝天中绽放出雪白的花朵，与金黄色的油菜花相互映衬，十分迷人。

我一边欣赏着车窗外的景色，一边吃着用开水冲泡的方便牛肉面，幸福指数直线飙升。

到了兰州火车站，一出站台左手处又有三家牛肉面馆，分别是“伊萨牛肉面”“酸菜牛肉面”“穆萨牛肉面”。因为我们要在此处转乘C8527列车到中川机场，所以决定晚饭就吃牛肉面了。在穆萨牛肉面馆要了7元一碗的牛肉面和2元一份的鸡蛋及凉拌小菜。

到了飞机场，当得知飞机晚点起飞后，我开始在候机楼闲逛，这才发现，机场候机楼的便利店每家都有卖盒装牛肉面的，而且包装各异、品牌众多，盒装牛肉面和鲜百合是所有柜台的主打产品，但均价格不菲。

著名书画家石齐先生为作者美食著作题签：“仰缶庐谈吃。石齐题。”

中川机场有家安泊尔牛肉面，我打算离开兰州前最后再在它家吃上一碗牛肉面，可惜的是，刚过晚上9:30，它家就不再卖牛肉面了。

这一天我从早餐到中餐再到晚餐全天吃的都是牛肉面，它会留存在我的记忆之中，同时也画上我这次兰州牛肉面之旅的完满句号。

兰州是一座被牛肉面香气弥漫着的淳朴而又现代的都市，当晨礼的邦克声唤醒这座熟睡于黄河母亲怀中的城市时，牛肉面之歌的音符开始慢慢奏起……

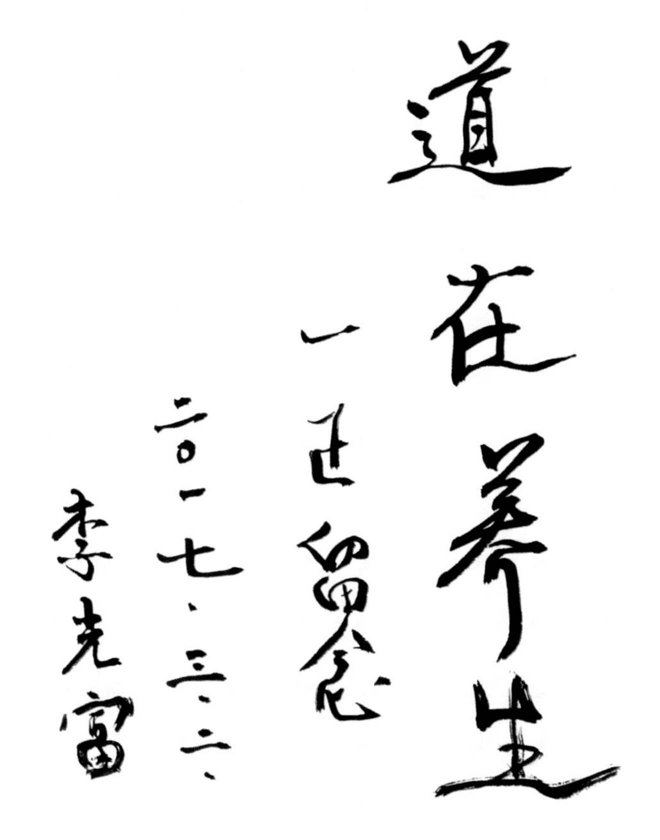

中国道教协会第九届会长李光富道长为作者美食著作题词：“道在养生。一正留念。二〇一七·三·二。李光富。”

兰州牛肉面之所以被甘肃省以外的人冠以“兰州拉面”的称谓，主要是因为叫“拉面”能更形象、直观地呈现兰州牛肉面的制作工艺。

兰州牛肉面暨兰州拉面，它同华北地区特别是山西等省的抻面（龙须面）是一脉相承的。华北地区的人们喜食抻面，在和制抻面时也要在面中加碱水，以促使面筋的形成，使面团富有弹性，宜于抻拉。这同兰州牛肉面面团的制作要加蓬灰水的道理是一样的。

兰州牛肉面在西北地区有很好的市场，但有发展且形成自身特点的地域当属吴忠市。

宁夏宣传有好语：游在宁夏，吃在吴忠。

2019年9月10日至13日，由中共吴忠市通利区委、吴忠市利通区政府举办的“宁夏吴忠市利通区第四届中国特色小吃文化节餐饮业发展论坛及优质特色食材推介会”在吴忠市开幕。北京方面出席活动的有中国烹饪协会副会长马志和、中国药膳研究会副会长单守庆等，我则作为中国药膳研究会民族药膳专委会秘书长参加了此次会议。此外，不少全国各地的餐饮业同仁亦有出席。

中国伊斯兰教协会第十届会长杨发明大阿訇为作者美食著作题词：“宁夏清真美食名天下。一正同志留念。杨发明。二〇一六年十一月二十日。”

到吴忠市的第二天一早，我在入住的红宝宾馆吃早餐时发现，马志和副会长、西安春发芽餐饮公司的老板杨忠良和北京大燕和食的老板燕瑞军等并未在宾馆用早

与杨发明会长合影

餐，而是各自为战去品尝吴忠的“早茶拉面”了。

我到过吴忠多次，自认为对吴忠还有点儿了解，知道吴忠的美食有烩羊杂、烩小吃（夹板、丸子）、特色羊脖、老毛手抓羊肉、同心蒸羊羔肉、同心汤碗子、焖肚子、拉拉粉、大蒜烧黄河鲶鱼（鸽子鱼）、香酥羊腿、糖醋黄河鲤鱼、樱桃酥、大虾酥等，至于吴忠的早茶拉面我还真不了解。

著名国画家李晓明先生为作者美食著作绘《晚菘图》。

在之后的几天里，我开始体验吴忠的早茶拉面了。

吴忠的早茶拉面，同广东和扬州的早茶有点儿相像。

吴忠早茶拉面包括：

茶：

多为八宝茶，亦有其他茶类。

特色时蔬小菜：

多则20多种，可根据季节而定，如4~6月的苦苦菜、沙葱，6~8月的黄花菜，8~10月的青椒、圆茄子、豆角等。有拌萝卜丝、花生米、凉拌芹菜、韭

菜豆芽、芝麻菠菜、洋葱木耳、拌土豆丝、拌豆角、沙葱拌苦苦菜、中宁杂拌、拌韭菜苔、拌茄子、茶叶蛋（卤蛋）等。

面点小吃：

多则20多种，少则10几种。有生煎包、烫面油香、胡麻油花卷、韭菜盒子、葫芦花摊饼、苦荞锅巴、烧麦、素锅贴、煎饼、葱油饼、豆沙包等。

肉类：

酱（炖）牛肉、羊肉。

面条：

兰州牛肉面（拉面）、蒿子面等。

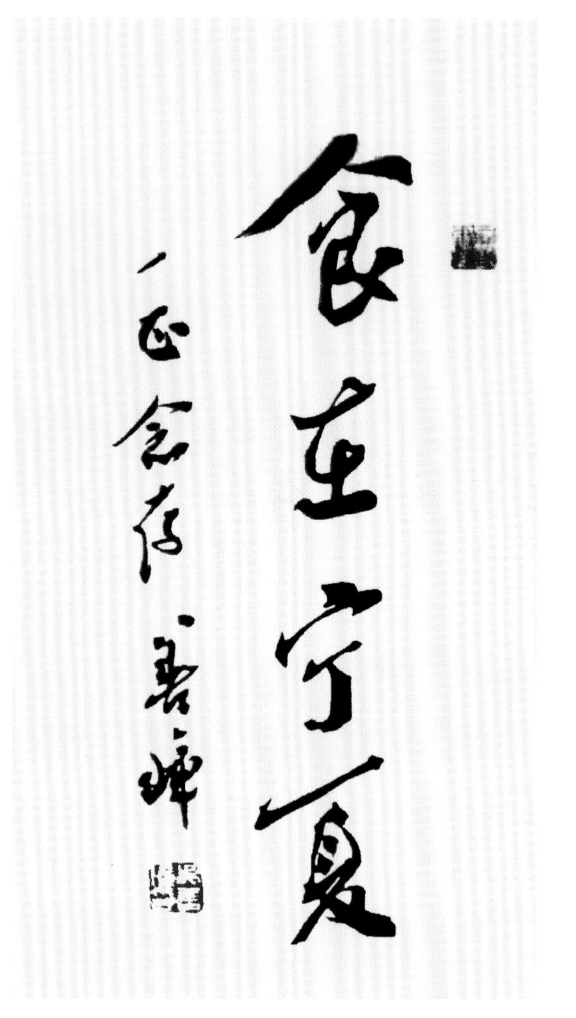

中国书法家协会第四、第五届副主席吴善璋教授为作者美食著作题词："食在宁夏。一正念存。善璋。"

吃吴忠早茶拉面，多为亲朋好友一同就餐，商务会谈、家长里短，都是早茶拉面的交谈内容。它俨然已经成为一种社交方式，花两三个小时吃一顿早茶拉面是很正常的事。

在兰州吃兰州牛肉面，只有小菜、鸡蛋和牛肉等；而在吴忠吃早茶拉面，除小菜、鸡蛋和牛肉外，茶和面点小吃是必不可少的。

吴忠的早茶拉面已将单纯的一碗拉面衍变成一种地域饮食文化符号，将

“吃在吴忠”打造出一个新的文化靓点。

吴忠市的早茶拉面店现有300多家（截至2019年底），其拉面店数量之多，已超过兰州市的2000家牛肉面店。在吴忠市利通区第四届中国特色小吃文化节上，评选出了“十大早茶拉面名店”。它们分别是：

著作书画家、美食家、京剧名票孙菊生先生为作者美食著作题词：“京戏艺术与清真美食密不可分。丁酉长夏，一正食友先生雅嘱并正。百岁老人孙菊生。”

著名国画家穆永瑞先生为作者美食著作插绘《品茗图》。

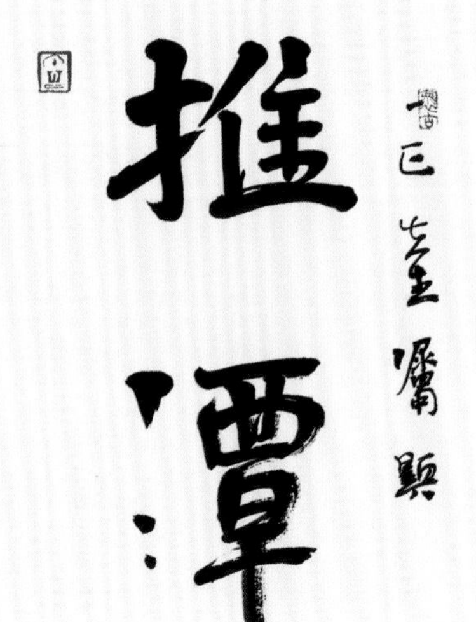

中国国家画院常务副院长卢禹舜教授为作者美食著作题词："推潭仆远。大味必淡。一正先生嘱题。卢禹舜。"

1. 吴忠市利通区香丁丁牛肉面馆

2. 吴忠市利通区强三牛肉面馆

3. 吴忠市利通区马队长牛肉面馆

4. 吴忠市利通区涝河桥尚品牛肉面馆

5. 吴忠市利通区泰盛轩特色菜馆

6. 宁夏宏锦府餐饮服务有限公司

7. 吴忠市利通区金穆萨手工面馆

8. 吴忠市利通区杨德福牛肉面馆

9. 吴忠市利通区吴氏八宝茶牛肉面馆

10. 同心县安食六和拉面馆

除此之外，还评出十大手抓羊肉名店、十大羊杂名店、十大面食名店等。

十、日本拉面

食之交流
是文化之交流
一正纪念
水谷义典

水谷义典先生为作者美食著作题词：“食之交流是文化之交流。一正纪念。水谷义典。”

中国有兰州拉面（牛肉面），我们的近邻日本也有拉面。

日本的拉面（Ramen）在世界上也很有名气，一些外国人，甚至也有中国人认为，是日本人最早发明的拉面。

日本拉面同中国的兰州牛肉面一样，是最有人气、最接地气的本土大众美食之一，也是日本饮食文化的代表之一。

很多在世界各地外出的日本人，在回到国内要做的第一件事情就是吃碗拉面。拉面在日本国民心目的地位已胜过寿司、天妇罗和鳗鱼。拉面在日本有着巨大的市场，其让日本人喜爱的程度也足以令人咋舌。

与日本烹饪大师水谷义典先生合影

日本有记载中国面条的历史，是明末学者、教育家朱舜水（朱之瑜，1600—1682年）在日本用面条请江户时代的大名、水户藩第二代藩主、德川家康之孙、儒学“水户学派”始祖，也是朱舜水的弟子德川光圀（1628—1701年）吃饭。

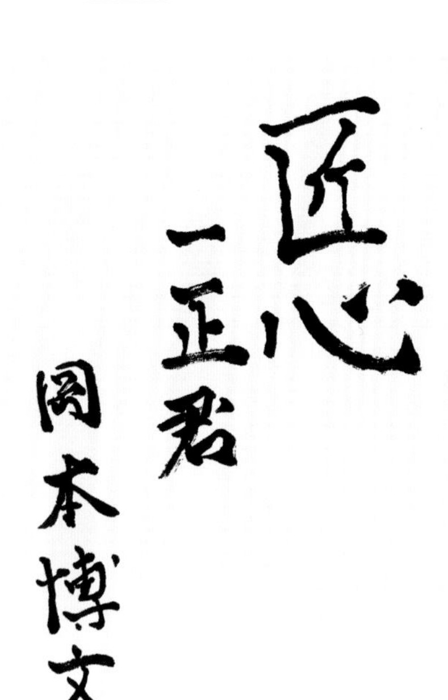

冈本博文先生为作者美食著作题词

日本的明治时期（1868—1912年），拉面在日本横滨的中华街到处可见。那会儿的拉面是由切面煮熟，浇上带有配料的汤头而成的。卖拉面的多为广东人、福建人和上海人，日本人称为“龙面”，也就是龙的传人吃的面条。后来，神户、长崎等地的中华街因华侨聚集，拉面（龙面）得以传播。当时还称之为“老面”“柳面”“中華そば”“南京そば”等。

日本拉面品种很多，也有所谓的三大拉面，即“札幌拉面”“喜多方拉面”“博多拉面”。

札幌拉面：

用猪骨汤煮面，并在拉面中加入大量的猪油和蒜，味噌口味突出，拉面偏咸和辣。札幌拉面的特点是离不开味噌（又称“面豉酱”，以黄豆为原料，加盐及不同的种曲发酵而成），面条为粗卷面。如在猪骨汤底加入炒过的时蔬，充分与味噌融合，浇在白米饭上就是有名的“味噌丼飯”。

与日本烹饪大师冈本博文先生合影

喜多方拉面：

喜多方拉面是福岛县喜多方市周边地区的人喜食

的拉面。它的汤底是用猪骨和小杂鱼干混合熬制的，面条的形状是大条扁平卷曲的宽面，口感独特。

博多拉面：

博多拉面诞生在福冈县的福冈市。用猪骨熬成白汤浇在煮熟的细面（直细面）上，佐以红生姜、辛子高菜、大蒜、芝麻、胡椒粉、辣油和醋（可不放）等调料食用。“一兰拉面”为典型的博多风拉面。

日本料理は
目で楽しみ
味を楽しむ
人間感謝の料理
一正先生
都所寧

日本烹饪大师都所宁先生为作者美食著作题词：“日本料理是在让人赏心悦目地享受美味的同时，亦让就餐者对食物抱有一颗敬畏之心！”

与日本烹饪大师都所宁先生合影

博多拉面有个特点，就是客人在选择面条上，可根据自己的喜好定制面条的粗细（硬度）。当第一碗面吃完后，用碗中剩余的汤，可再追加一份儿面，日语叫

神村亮先生为作者美食著作题词：“乐味。四条真流神村亮。一正样。2017（年）6月27日。”

作“替え玉（かえだま）”。

除上述三大拉面外，日本还有很多的拉面。如按日本地域划分，有：

北海道（地方）

钏路拉面

北见拉面

旭川拉面

上川拉面

室兰拉面

函馆拉面

东北地方

津轻拉面（青森县弘前市）

仙台拉面（宫城县仙台市）

与日本烹饪大师神村亮先生合影

日本の美食

一正先生紀念　萬城

日本著名书法家种谷万城先生为作者美食著作题词：“日本的美食。一正先生纪念。万城。”

赤汤拉面（山形县山形市）

冷拉面（山形县山形市）

酒田拉面（山形县酒田市）

米泽拉面（山形县米泽市）

白河拉面（福岛县白河市）

关东地方

东京拉面（东京都）

生马拉面（神奈川县横滨市）

家系拉面（神奈川县横滨市）

油拉面（东京都武藏野市）

豚骨酱油拉面（东京都）

八王子拉面（东京都八王子市）

竹冈拉面（千叶县富津市）

佐野拉面（枥木县佐野市）

藤冈拉面（群马县藤冈市）

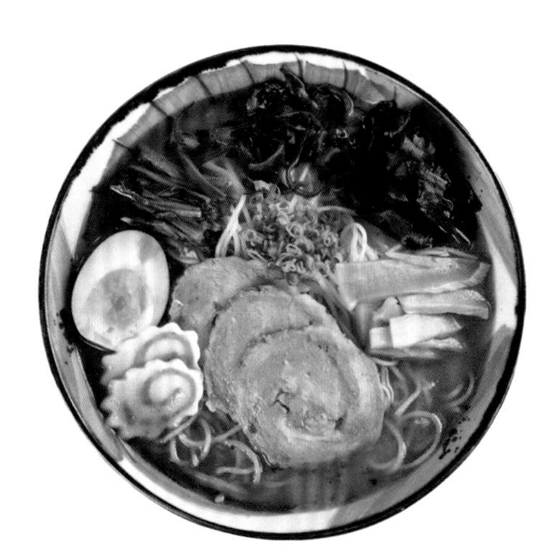

配有鸣门卷（鱼板）、溏心鸡蛋、叉烧肉、海苔及多种菜蔬的日本拉面。

体力拉面（茨城县水户市，酱油风味）

体力拉面（埼玉县，豆瓣酱酱油风味）

中部地方

包括东海地方（爱知县、岐阜县、三重县、静冈县）、北陆地方（新潟县、富山县、石川县、福井县）及甲信越地方（甲斐的山梨县、信浓的长野县、越后的新潟县）。

燕三条拉面（新潟县燕市、新潟县三条市）

新潟清淡拉面（新潟县新潟市）

新潟浓厚味噌拉面（新潟县新潟市）

长冈系拉面（新潟县长冈市）

富山黑拉面（富山县富山市）

高山拉面（岐阜县高山市）

台湾拉面（爱知县名古屋市）

越共拉面（爱知县一宫市）

近畿地方

京都拉面（京都府）

神户拉面（兵库县神户市）

天理拉面（奈良县天理市）

和歌山拉面（和歌山县和歌山市）

播州拉面（兵库县西胁市）

中国地方、四国地方

冈山拉面（冈山县冈山市）

笠冈拉面（冈山县笠冈市）

福山拉面（广岛县福山市）

尾道拉面（广岛县尾道市）

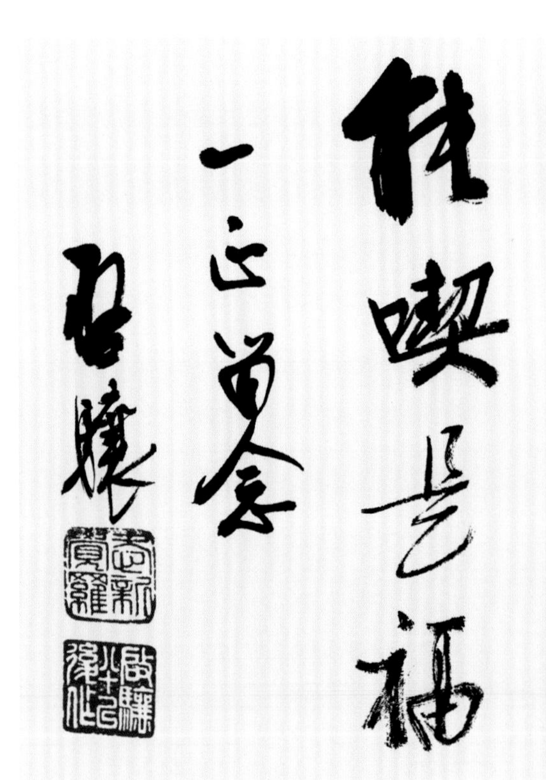

著名书法家启骧先生为作者美食著作题词：“能吃是福。一正留念。启骧。”

广岛拉面（广岛县广岛市）

德岛拉面（德岛县德岛市）

锅烧拉面（高知县须崎市）

九州地方

博多拉面（福冈县福冈市）

长滨拉面（福冈县福冈市）

久留米拉面（福冈县久留米市）

熊本拉面（熊本县熊本市）

宫崎拉面（宫崎县宫崎市）

鹿儿岛拉面（鹿儿岛县鹿儿岛市）

日本的拉面如果按口味分类，大致可以分为：

1. 酱油拉面（しょうゆラーメン）。它是日本拉面的原点，以酱油口味为汤底，口感清爽。分浓口酱油、淡口酱油、白酱油、玉子酱油、鱼酱油等。以东京的酱油拉面有名，创始者为位于浅草的“来来轩”。北海道的钏路拉面、旭川拉面、北见拉面都是酱油风味的。

著名书画家汤立研究员为作者美食著作题词：“有味道。一正存。汤立。”

2. 盐味拉面（塩ラーメン）。用鸡肋骨加猪骨制汤，配上蔬菜、昆布（或海带、紫菜）等食材以增加汤的味道，用粗盐或岩盐来调味。大阪人对盐味拉面情有独钟。函馆拉面亦是盐味风味的。

3. 味噌拉面（味噌ラーメン）。在日本人的饭食中，几乎离不开味噌这一调味品。

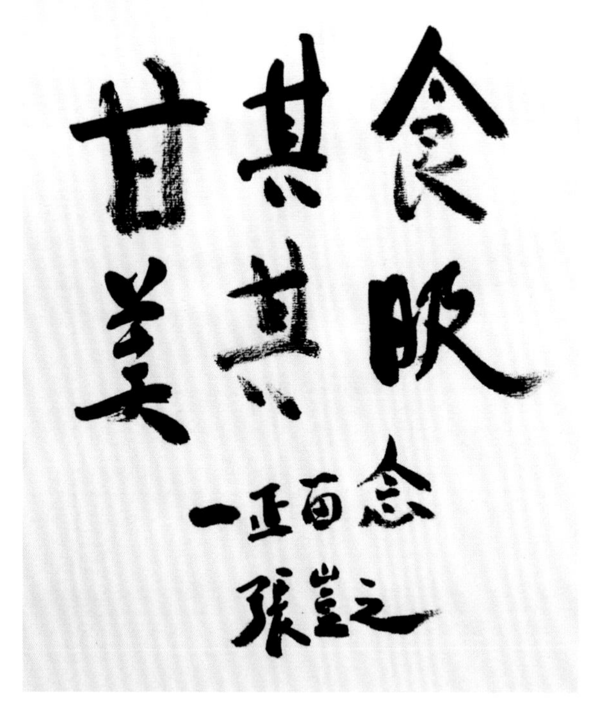

西北大学原校长张岂之教授为作者美食著作题词：“甘其食，美其服。一正留念。张岂之。”

味噌按食品原料分类有米味噌、麦味噌和豆味噌及调合味噌等。

米味噌是以米和大豆发酵熟成的，占日本味噌市场的80%。米味噌适合搭配海鲜食用，如江户甘味噌、关西味噌、北海道味噌、津轻味噌、秋田味噌、信州味噌、相白味噌、越中味噌、西京味噌、樱味噌、佐渡味噌、府中味噌等。以关东（茨城县、栃木县、群马县、埼玉县、千叶县、神奈川县、东京都）及甲信越（山梨县、长野县、新潟县）为中心，全国广泛使用，中国地方的冈山县和广岛县、关西地方也使用白味噌。

麦味噌是大麦和大豆发酵熟成的。九州地方、四国地方、关东地方等出产。如濑户内麦味噌、九州麦味噌、岛原味噌、萨摩味噌等。

豆味噌是以大豆发酵熟成的。中京地方的爱知县、三重县、岐阜县是其代表性产地。品种如东海豆味噌、八丁味噌、豆赤味噌等。

调合味噌是以大豆、大麦和大米等发酵熟成的。

味噌按口味分类可分为辛口味噌和甘口味噌。

辛口味噌口味不甜偏咸，关东、甲信越、北陆、东北、北海道及日本其他地方出产，种类有信州味噌、北海道味噌、津轻味噌、秋田味噌、仙台味噌、会津味噌、佐渡味噌、越后味噌、加贺味噌、濑户内麦味噌等。

甘口味噌口味偏甜和淡。近畿地方、中国地方、四国地方、九州地方、北陆地方、静冈及东京等地出产，种类有关西白味噌、赞岐白味噌、府中白味噌、江户甘味噌、越中味噌、御膳味噌、濑户内麦味噌、九州麦味噌等。

味噌按颜色可分为白味噌、赤味噌和淡色味噌。

白味噌如关西白味噌、府中白味噌和赞岐白味噌。

中国书法家协会第四、第五届副主席旭宇编审为作者美食著作题签

赤味噌如江户甘味噌、御膳味噌、北海道味噌、秋田味噌、仙台味噌、加贺味噌等。

淡色味噌如越中味噌、信州味噌等。

味噌拉面以北海道的札幌拉面最为有名，用猪骨和鸡骨制汤，为重口味浓油赤酱式的拉面。

日本的味噌除上述分类外，还有苏铁味噌（以苏铁曲发酵熟成的味噌，苏铁为方言，意思是玄米）、调合味噌、诸味味噌、金山寺味噌（用蔬菜与腌过的大豆、米、麦混合发酵的味噌，更像酱菜）等。

4. 鸡汤拉面（チキンラーメン）。用鸡肋骨加小鱼干、蔬菜等制汤成面。

著名画家南海岩先生为作者美食著作题词：“兰馐。仰缶庐嘱。丁酉夏，南海岩。”

5. 猪骨拉面（豚骨ラーメン）。用猪骨长时间熬制的汤头来制面，以九州地方盛行。

6. 鱼贝类拉面（魚介・煮乾系ラーメン）。用柴鱼等海味品制成清淡的汤头，也可加入鸡骨或猪骨，成味的拉面偏咸。

7. 蘸面（つけ麺）。由东京“池袋大胜轩”拉面店的老板山岸一雄（1934年—2015年）创制。山岸一雄被日本人奉为日本拉面之神。其弟子多达100人，大胜轩的分店也有2000家之多。

所谓“蘸面（也写作沾面）”是将煮熟的面条（机械切面）过一下冷水，盛在碗里，再用一碗盛上浓厚的汤汁，以面条蘸汤汁而食。

蘸面深受日本国民的喜爱，吃在嘴里有弹牙感（这正是面条过冷水的作用：洗去面条表面的黏液，瞬间可使面条降温，以利于面条紧实筋道），而面条在蘸汤后又必须“挂汤”，这才是蘸面的制作技艺的难度所在（汤、面制作的技艺在此两点）。

大胜轩的制汤所用食材有30多种，方法是先用鸡骨、猪骨及猪脚加水熬制一个半小时，放入洋葱、红萝卜、葱、大蒜和姜等食材继续熬制；之后，放入沙丁鱼干和鲭鱼片（将两件食材装一布袋后投入汤中），以增“和风”味道，制汤快完成前将去过蛋液的蛋壳和猪肉馅放入汤中“吊一下”；最后，再在汤里加些大胜轩的秘料（用鱼粉、鳗鱼、葱等制作的）即可。

日本著名书法家高木圣雨先生为作者美食著作题字：“醍醐灌顶。一正食家存。圣雨书。”

日本面料分为两种：生面和干面。生面是没经过干燥处理的压制成型的面条，干面是经过加热和干燥处理的面条。日本拉面也是日本三大面食（拉面、乌冬面、荞麦面）之一。

日本拉面与中国兰州牛肉面（兰州拉面）最大的不同在面上。日本拉面基本上都是压面机制成的切面（生面）和干面（类似我国的挂面、方便面）等，中国兰州牛肉面（兰州拉面）是拉面师现场拉出来的。

以前，日本人在制作拉面时用到了内蒙古的湖水来和面，做出的拉面异常好吃。日本人研究了内蒙古的湖水的化学成分后，在和面时加了碱水（かんすい）替代内蒙古的湖水。碱水的主要成分是碳酸钠和碳酸钾。碱水的作用是可以使粉状（物体）在受热分解时，吸收水分，达到良好的黏弹性。用碱水制作的面条，煮出来颜色发黄；同时，为了照顾不喜欢吃碱水味拉面的日本

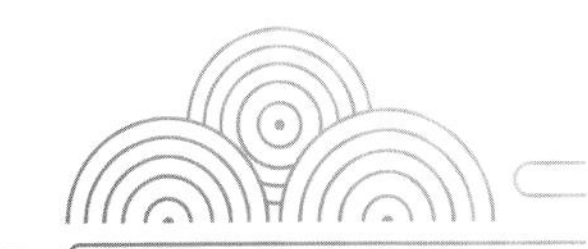

人，改用和面时加鸡蛋的方法。中国兰州牛肉面（兰州拉面）是用蓬灰水和面的，蓬灰水的主要化学成分是碳酸钾。

日式拉面的汤底（汤头）同兰州牛肉面（兰州拉面）的汤底一样，是一碗面的灵魂所在。日式拉面90%以上是通过制汤完成的，汤底可分为鸡骨汤、猪骨汤和海鲜汤，即所谓的骨系汤、内脏系汤和海鲜系汤。日式拉面大多数的汤底主要食材是猪肉、猪骨，但每家都有每家制汤的秘籍。

中国收藏家协会原会长、著名书法家阎振堂先生为作者美食著作题词：“染指垂涎。一正食家雅正。甲午年孟夏。阎振堂。”

日本拉面的配菜有叉烧肉、溏心鸡蛋、笋干、玉米粒、海苔、豆芽、鱼板等。

这里说一说“鱼板”。

鱼板也叫“鱼糕”，是一种用鱼肉糜加盐等调味品制成的食品（魚肉練り製品）。其中用鳕鱼、金线鱼等鱼白肉做成像蒲穗（香蒲的穗）和日本武器鉾

（同“矛”）形状的鱼制品称为“蒲鉾”（かまぼこ）。这种叫蒲鉾的鱼板最早出现在平安时代的永久三年（1115年）。后来，人们把用鱼肉糜（浆）制成的鱼糕（板）制品通称为“蒲鉾”。

蒲鉾的种类有蒸蒲鉾、烤蒲鉾、竹轮・风味蒲鉾、煮蒲鉾及炸蒲鉾。

蒸蒲鉾分四类：

昆布卷蒲鉾（富山县出产的有名）；

竹筒蒲鉾（中国地方和四国地方均有出产）；

蒸板蒲鉾（关东地方的小田原市有名）；

蒸烤蒲鉾（关西地方盛产）。

烤蒲鉾有六类：

屉蒲鉾（宫城县盛产，以仙台市为最）；

南蛮烧（和歌山县盛产）；

烧拔蒲鉾（京阪神地区的特产）；

梅花蒲鉾（大阪府特产）；

著名京剧表演艺术家梅葆玖先生抄录作者写的汉俳《日本荞麦面》：“扶桑今雨来，为尝荞面渡瀛海，樱花向人开。”

伊达卷（日本人在每年正月必吃的食品之一。长崎人称之为“鸡蛋糕鱼板，カステラ蒲鉾”，铫子市等地的人把它卷上醋饭和时蔬做成伊达卷寿司。伊达卷，据说因为

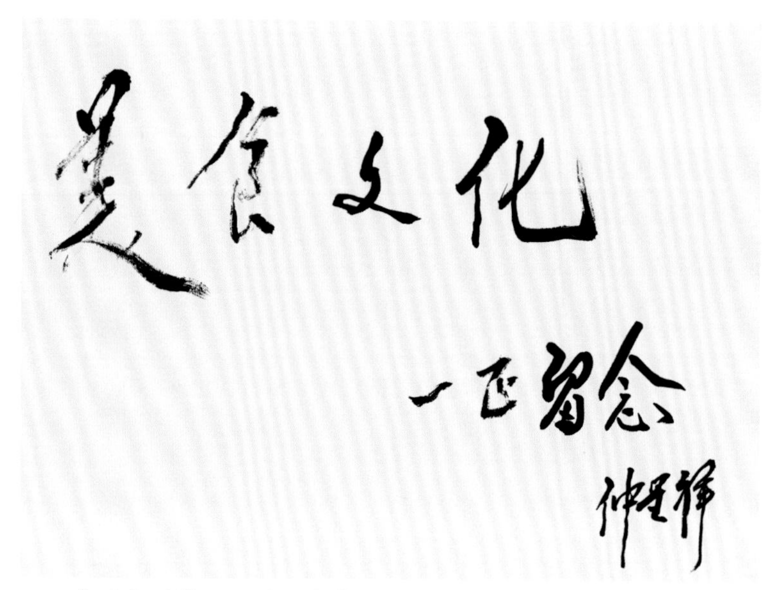

中国文联第七届副主席仲呈祥教授为作者美食著作题词："美食文化。一正留念。仲呈祥。"

是伊达政宗喜食之物，故而留传下来）；

白烧蒲鉾（山口县特产）。

竹轮・风味蒲鉾分为烤竹轮（爱知县的丰桥市出产的有名）、蟹肉蒲鉾。

煮蒲鉾分为筋（用鱼的软骨及筋膜制成）、鸣门卷（烧津出产的有名）、鱼圆、黑半片（静冈县烧津市特产）、半片（又称"浮半片"，关东地方盛产，东京都、铫子市有名）。

炸蒲鉾分为牛蒡蒲鉾（牛蒡和鱼肉混炸）、小鱼蒲鉾（爱媛县宇和岛市出产的有名）、白天（京阪神名物）、萨摩炸鱼饼。

日本的火锅、乌冬面、茶碗蒸、关东煮等都要放蒲鉾，其中日式拉面中必放的鱼糕又叫"鸣门卷"，是用银彭纳石首鱼、黄线狭鳕、金线鱼等食材制作的。鸣门卷的形状有点儿像切成斜片的鸡肉肠，只不过在鸣门卷的中心有一层粉红色的图案，边缘削成花边形（如锯齿形状），似螺旋纹，又如水中的旋涡。中间的粉红色图案，原料食材是用产自南美洲墨西哥等国和地区的"胭脂虫（Dactylopius coccus）”体内提取的天然色素为食品添加剂，加入鱼糜（泥）中，使鱼糜染成粉红色。在制作鸣门卷时，将粉红色的肉糜包裹在白色鱼肉糜中，再用旋涡状的食品成型器削制成型就可以了。

为什么叫“鸣门卷”呢？日本德岛鸣门海峡，是世界最大的涡流潮常发地之一，也是大漩涡的观赏地，因鱼板酷似旋涡形状，人们把它形象地称之为“鳴門巻き（なゐとまき）”。

日本的拉面品种丰富，除上述按日本地域（地方）介绍的拉面外，还有很多创新拉面。如火式拉面、柠檬拉面、冰激凌拉面、鲷鱼拉面、水果拉面、菠萝拉面、北海道拉面沙拉等。

日本人爱吃拉面的风俗不亚于中国，现在的日本有20万家以上的拉面店。据日本粉物料理协会会长熊谷真菜在2019年12月1—2日召开的“中日拉面高峰论坛对接见面会”上讲，日本政府登记在案的拉面店有3万家以上。日本粉物料理是日本风味的食物，是指用小麦粉、米粉、荞麦面粉等食材为主制作的食品，特别是以小麦粉为主要原料制作的什锦烧、章鱼烧等的日式料理。日本拉面品种之多超过了中国的拉面品种（仅限拉面品种。中国有500多个品种

中国书法家协会第五届理事苗培红先生为作者美食著作题词：“八珍玉食。苗培红题。”

中国文联第七、第八、第九届副主席，著名书画家覃志刚先生
为作者美食著作题词："雕盘脍缕红。一正同志存。乙未夏，覃志刚。"

的面条，1000多种的做法），这是许多外国人认为拉面是从日本传入世界各地的原因之一，也是我在本书中特意赘述日本拉面的原因。

正是基于日本人对拉面的喜爱程度，1958年，华裔日本人安藤百福（中文名：吴百福，中国台湾嘉义县人，1910—2007年）发明了方便面（又称速食面、即食面、公仔面、快熟面、泡面等），之后，又发明了"杯面"。这位"方便面之父"将拉面衍变成方便面，而这个方便面的名字就叫"拉面"。安藤百福无异于将人类文明进程向前推进了一步。

安藤先生还针对欧洲人不会像亚洲人那样吸啜面条的特点，将为欧洲人食用的即食面切成小段，以此消解欧洲人食用即食面条的顾虑。

写到这儿，忽然想起，我曾在嘉峪关南火车站超市上买的牛肉面大概也是出口欧洲的，吃起来的面条全是一小段一小段的，更像西北地区的“炮仗面”。

2018年春节过后，兰州牛肉拉面行业协会会长、兰州金鼎餐饮管理有限公司总经理马利民来北京开十三届全国人大一次会议时我去看了他一次。他告诉我，他们正着手与兰州铁路局、兰州市商务局协商，准备将兰州牛肉面推上火车。

小麦，这个从4500年前由西亚传入中国的粮食作物，后由中国人于4000年前幻化出人们日常生活中的一款食品，如今它在丝绸之路上的重镇——兰州开花结果，并日益含弘光大！

食在兰州

一正同志

马利民

马利民会长为作者《兰州牛肉面》题词：“食在兰州。一正同志。马利民。”

与兰州牛肉拉面行业协会会长、兰州金鼎饮食管理有限公司总经理马利民先生合影。

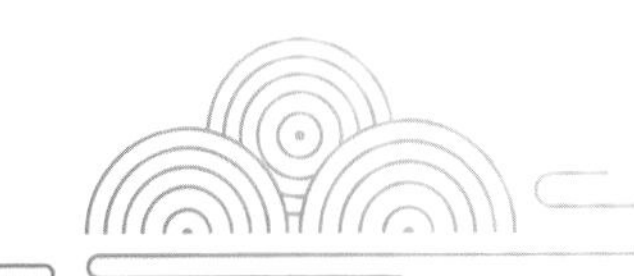

兰州浆水面

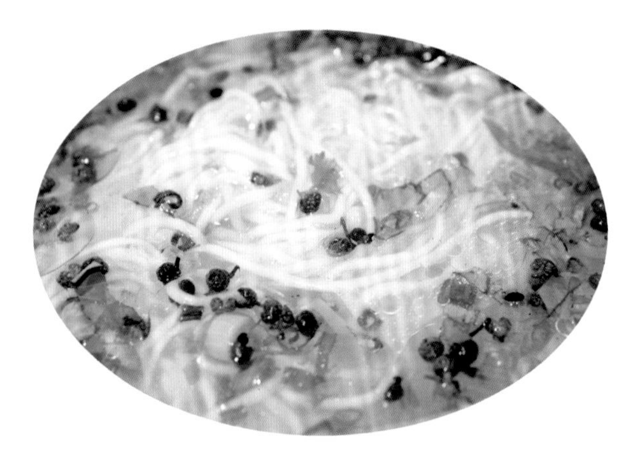

说完了兰州牛肉面，下面我们接着聊一聊同样富有特色的“兰州浆水面”。

2016年7月，我去同心过完开斋节，海世伟兄派车将我从银川送到兰州。我到兰州的主要目的是与兰州的诗人有一个“‘一带一路’诗歌座谈会”的互动。

中午到兰州后，午餐我执意选择要从“舌尖尖牛肉面”开始，因为我要再丰富一下去年完成的美食专文《兰州牛肉面》。

下午，绣河沿清真古寺的马世忠阿訇要我为寺里写几幅字，我便来到了兰州市城关区金塔巷绣河沿老街。

我在寺里与马阿訇聊了一会儿，之后，一个人拿上照相机到寺外的老街溜达。兰州城里有几个穆斯林群众居住区：桥门巷、海家滩（举院）、陈官营、柏树巷、骆驼巷等，绣河沿也是其中的一个，它历史悠久，形成于明代。绣河沿清真寺周围居住着许多穆斯林群众，清真饭馆很多。

我在一家名叫“阿伊莎手工面馆”前停下了脚步，它家以卖面食为主，主营是“浆水面”。我同老掌柜互道了“赛俩目”，并拍了些有关浆水面的照片，其后返回寺里为马阿訇写字。写完字，已是晚饭时间，马阿訇特意安排我们到一家较高档的清真饭店吃兰州特色美食，我对马阿訇说：“今天的晚饭，就在寺门口阿伊莎家吃浆水面吧。”

著名书法家修福金先生为作者美食著作题词：“美其食。一正先生惠存。修福金。”

吃它家浆水面时我才知道，兰州的浆水面有荤有素。荤的浆水面是在素浆水面的基础上，再浇上一大勺子用羊肉丁（或牛肉丁）和尖椒末炒的菜；素的浆水面则什么也不浇，把手工擀切的面条煮好过水盛在碗里，舀上两勺子的浆水，再在上面撒点儿韭菜末和香菜末即成。但兰州人吃浆水面时必须额外要几份儿小菜佐食，如酱牛肉、虎皮尖椒、拌土豆丝或炒茄子条等。

马阿訇对我说，兰州人吃浆水面，一般是吃一大口面就一口虎皮尖椒，浆水面清酸爽口，配伍油腻腻的煎辣椒，辣中带酸，十分过瘾。吃浆水面必须吃手工擀制的面条，手工面条和机械压制的面条口感上完全是两码事。

阿伊莎家的浆水面煮得火候到位，面条吃在嘴里微微有些弹牙，浆水清亮，酸度正好，再加上汤中漂浮的韭菜末和香菜末散发的辛香味道，催人食指

大动。

吃完浆水面，老掌柜要我为他家的小饭铺题写“阿伊莎清真小吃”字号。回到寺里，遵嘱题写匾额。

著名书法家胡振民先生为作者美食著作题词：“饭抄云子白，瓜嚼水精寒。一正先生雅嘱。己亥仲夏，胡振民书。”

一、浆水

浆水面的浆水，几乎兰州城里所有家庭主妇都会做，只是制作方法各有不同。

先取一个小盆或大碗，舀上面粉，加水，用筷子或小勺均匀地搅和，使面粉充分溶于水中，不结疙瘩；火上架一个净锅或小盆，注入清水，开火，水沸，倒入刚搅和好的面糊，见锅中面糊溶于沸水熬成稀面浆时，关火；将事先清洗切好的芹菜段（带叶）、圆白菜块等蔬菜倒入锅中；取一个大坛子，将锅中拌有蔬菜的稀面浆倒入坛中；坛中倒入从超市或菜市场买的老酵浆水；封坛（留点缝隙），将坛子放在暖和一点儿的地方，静候三四天；如在坛子上捂上被子，放在热地方，一整天后就可食用。

怎么知道浆水已经制作好了呢？只要打开装有制作浆水面浆和蔬菜的坛

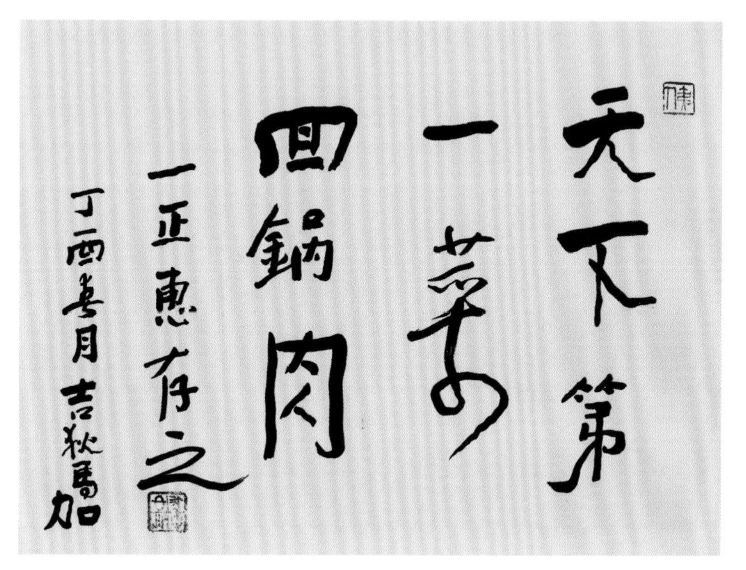

中国作家协会第八、第九届副主席吉狄马加先生为作者美食著作题词："天下第一菜回锅肉。一正惠存之。丁酉春月，吉狄马加。"

口，见浆水上有小泡泡出现，即表明浆水已经制作好了；如果是坛里沤制浆水的蔬菜变黄，坛底有沉淀物出现，坛中表面的浆水变得清亮，也证明浆水可以食用了；如浆水上有白醭出现，即表明浆水已坏，不能食用了。制作浆水时所用的器皿必须清洗干净，不得沾有油点儿，否则，浆水极易污坏。

做浆水也可用煮过手擀面后的略浓一点儿的面汤，除芹菜、圆白菜外，苜蓿、白菜、莴笋、苦麻菜、萝卜、土豆、黄豆芽、芥菜、雪里蕻、萝卜缨、山油菜、茄子等各样菜蔬皆很相宜。

作者与吉狄马加副主席合影

浆水有一定的食疗作用，这主要取决于浆水中产生的微生物菌，如乳酸菌等，乳酸菌对人体的肠胃有一定的好处；再有是沤制浆水所用的蔬菜，各种蔬菜对

人体各有食疗功效，如芹菜对人体有降血压的作用，苜蓿对人体有清热利尿、止血定喘的作用；浆水还有清热解渴的疗效。因此，兰州人有喝浆水的习惯，特别是在酷热难耐的炎日，喝上一杯（一碗）从冰箱中取出的浆水（亦可加糖饮用），那个滋味比喝冰啤要爽得多。

著名书画篆刻家、美食家米南阳先生为作者美食著作题字：“吃。一正道友一正之。米南阳书赠。”

浆水的制作方法有很多。有人在做浆水时，不用老酵浆水作引子，而是用白醋；山西翼城浆水面的浆水是用制作豆腐时剩下的水发酵制成；也有什么引子都不用的，就用面汤加蔬菜来制作浆水，只是浆水的成熟期要多用些时间。

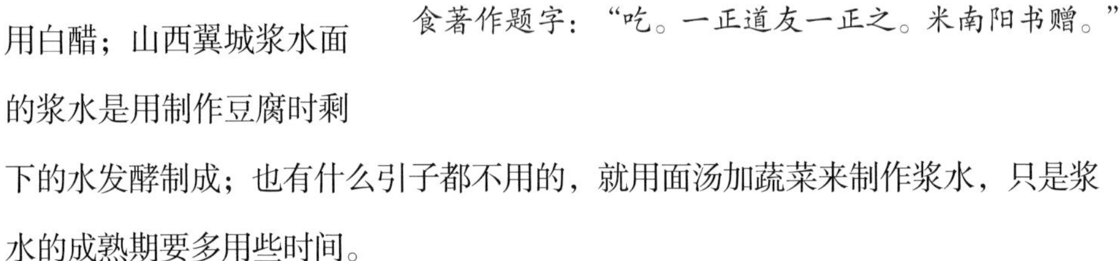

食用不完的浆水，过几天就要查看一次，如遇坛中沤制浆水的蔬菜变黄，要及时捞出另换新菜，以此往复。制作浆水有口诀：

春天桃花水，三天一搅是新味；

夏日人流汗，一天不搅白花泛；

秋来五谷香，两天就动浆水缸；

冬天地气沉，十天半月你莫问，浆水要酸火边蹲。

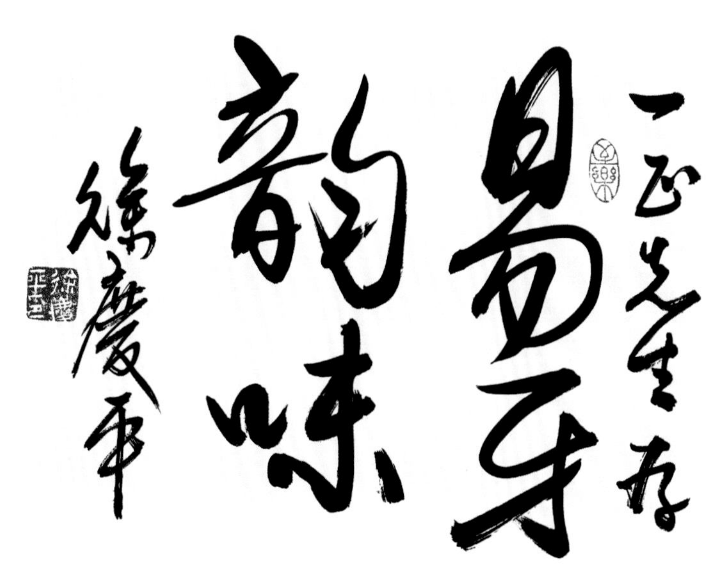

绘画大师徐悲鸿先生之子、著名画家徐庆平教授为作者美食著作题词：“易牙韵味。一正先生存。徐庆平。”

如果沤制的浆水时间过长，坛底就会积上一层厚厚的沉淀面糊，这时，就要将浆水中的蔬菜捞出（做成“浆水菜”食用）；取一洁净的大玻璃缸等器皿，倒出坛中上部清亮的浆水，此时的浆水，酸度很高，风味无比；重新清洗原沤制浆水的坛子，剔除在坛底沉淀的面糊后，加入新鲜的面汤和蔬菜，再取一部分刚倒出来的老浆水做沤制新浆水的“引子”。

制作浆水时用的蔬菜可捞出来做浆水菜，凉拌吃亦可，同肉类一起烹炒，别有一番味道。

沤制浆水用的器皿最好选择陶制的。

吃浆水面时，先要对浆水进行调制。把坛中的浆水倒入（舀入）一个小盆中，取炒勺加少许食用油置火上烧至微热，投入十几粒花椒和姜片，闻到油炸出香味时，剔除油中的花椒粒和姜片，复在油中炝炸葱花，并将葱花和油倒入浆水中，再在浆水中加盐增加咸味；如喜食辣味的亦可再炸几个干辣椒段放入浆水中，也可单炸一碗辣子同浆水一起浇面食用。

如果品尝一下感觉浆水过酸，可在浆水中加入开水稀释，用胡麻油炝过的韭菜、小葱、蒜片等调料，再连同热油一起炝入浆水中，浇在漂过冷水的

手擀面条（或荞麦节节）上，撒点儿香菜，配上咸菜等佐食，真是比吃什么都舒服。

二、面条

浆水面条的制作方法多种多样，不拘一法，每个家庭都有不尽相同的做法。但大致如下：

一是把和好的面擀成薄片折叠后切

人民艺术家老舍先生之子、著名作家舒乙先生为作者美食著作题词：“行万里路，尝百口鲜。舒乙。一正惠存。甲午年初秋。”

著名书画家萧瀚先生为作者美食著作题词：“炒词烹句做华章。甲午秋月，萧瀚书。”

成条，根据个人喜好，面条可切成像兰州牛肉面形状的二细、三细、韭叶、大宽等不同的规格；煮熟，浇上炝过花椒、干辣椒等的浆水，再在面上撒点儿葱花、香菜末、咸韭菜末即可。

二是把擀好的面切成菱形块或短条形的面叶子，亦可揪成尕（小）面片，放开水锅中煮熟，把提前炝好作料的浆水倒入面锅中即可。这种做法，当地人谓为“锅面”“酸饭”，也有人称为“倒炝锅”。

做浆水面的面条，亦可使用豆面、玉米面、荞麦面等杂粮为之，别有风味。

2015年的夏天，我到兰州住在飞天大酒店，在酒店的一层吃饭时，点了百合、浆水面等兰州特色食品。当服务员将浆水面端到我跟前时，我发现浆水面里漂浮有许多花椒粒，一开始我连花椒粒带面一起吃，但发现不行，就用筷子从面中挑拣出花椒粒。这种直接带有花椒粒的浆水面上桌供客人食用，是我在兰州头一次碰到的。

兰州的非穆斯林群众，在吃浆水面时，一般爱佐食卤肉、酱排骨、卤猪手等，当然也少不了凉拌龙豆（兰州人管豇豆叫“龙豆”，并非产自海南、西双版纳等地的四棱豆）、凉拌黄瓜、腌咸韭菜等蔬菜。

比如兰州的醉仙楼，它家的

著名画家孙安民先生为作者美食著作配图《事事清白》。

人民美术出版社、中国美术出版总社原社长、荣宝斋总经理、著名画家郜宗远编审为作者美食著作题词："为腹不为目。一正同志嘱。甲午夏，宗远。"

浆水面和卤猪蹄子就是老兰州人的最爱。据醉仙楼老板苏怀伟讲，他家投浆水用的"酵子"均是有机蔬菜，面用"和尚头"。醉仙楼还搞了两届的兰州"全民浆水文化节暨敬老宴"，力争尽快将"兰州浆水面"申遗成功。

三、嗜味

浆水面不光兰州人吃，它在甘肃、陕西、山西等省市地区都很流行。

甘肃有：

天水浆水面（甘谷县礼辛镇的浆水面为好）

敦煌浆水面

凉州（武威）浆水面

平凉浆水面

河州浆水面

陇西浆水面

定西浆水面

会宁浆水面等；

陕西有：

关中浆水面（讲究用清明开花的荠菜"窝"浆水。现野生荠菜难

安身之本
必资于食
清真美馔
文明瑰宝
一正先生雅正
马云福
时年八十二岁
二〇一三年七月十二日

中国伊斯兰教协会第六、第七届副主席，中国烹饪协会清真烹饪专业委员会原主席马云福先生为作者美食著作题词：“安身之本，必资于食。清真美馔，文明瑰宝。一正先生雅正。马云福。时年八十二岁。二〇一三年七月十二日。”

觅，多用芹菜制浆水面，佐以用菜籽油煎的虎皮辣椒、炒老韭菜及老豆腐）

安康浆水面

商洛浆水面（陕南的商洛人没有汉中人和安康人那么嗜吃浆水面）

山西人吃浆水面以晋南为多：

翼城浆水面

晋城浆水面（泽州县大阳镇的浆水面有名）

永济浆水面（用做豆腐剩下的水发酵制成浆水，面为扯面，以水峪口古镇的浆水面出名）

河南浆水面（河南浆水面主要是在豫西地区流行，用豆浆发酵制成浆水。豆浆有绿豆和黑豆两种，以绿豆为好）

嵩县老浆面条

洛阳浆面条

洛宁浆面条

博爱浆面条

唐河浆面条

……

此外，青海、宁夏等省、自治区的人们也有吃浆水的习俗。

甘肃敦煌浆水面被列为“敦煌八大怪”之三，所谓“浆水面条解暑快”。敦煌浆水面以“月泉浆水面”为代表。做月泉浆水面需用月牙泉之水，并用产自当地的一种野生草本植物羊奶蔓蔓发酵成浆汁食用。

中国书法家协会第六届理事倪进祥先生为作者美食著作题词：“一粒米中藏世界，半边锅里煮乾坤。为《仰缶庐谈吃》题。倪进祥书于京华。”

天水人做浆水面在“投”浆水时，所用的“酵子（天水人多写‘脚子’或‘角子’，我理解应为‘酵子’，当制发酵水时的‘引子’用）”分别是春天的苜蓿、夏天的芹菜、秋天的萝卜、冬天的白菜。当然，苦苣菜和芨芨菜（荠菜）是做浆水的首选；“炝”浆水时讲究用春天的头刀韭菜芽或天水本地的野葱花。

作者绘国画《福在眼前》

甘肃定西市的通渭县，当地人亦爱吃浆水面，故有“通渭浆水面”之说。该地的浆水面又叫“地艽儿浆水面”。制作浆水面时，用地艽和干辣椒在油中加热，随后将带有地艽和辣椒的滚热油泼入浆水中（用芹菜和苦苣酸菜做的浆水味道最好），浇在煮熟的手工碱面条上，佐以炒洋芋丝、咸韭菜、咸青辣子及咸黄萝卜条等。

陕西人管做浆水叫“窝浆水”（如岐山人），吃浆水面时，爱在面里放些油炸豆腐丁。一碗浆水面，面条很少（数得过来的几根），浆水很多，如同臊子面一样，汤多面少，人们一顿饭就要吃上四五碗的面条，这是“老陕”的饮食习惯；安康人则极爱吃浆水菜。

汉中市城南有个叫“幺儿拐浆水面”的面馆，非常有名。1994年陕西人民出版社出版的《可爱的汉中》一书中有如下记载：

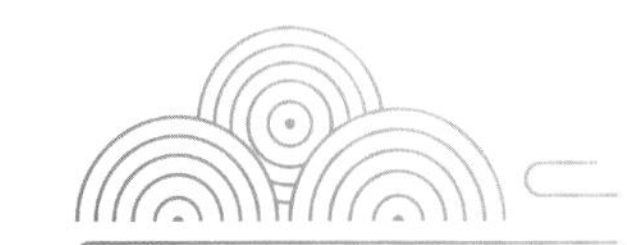

“汉中人只要一提起浆水面，马上会想起‘幺儿拐’这个地方，因为幺儿拐的浆水面味道最好，历史悠久。相传这里的浆水面早在西汉初年就受到开国元勋刘邦、萧何的称赞。”

关于“幺儿拐浆水面”还有句顺口溜，叫：“幺儿拐的浆水面，吃一碗续一碗。”

幺儿拐浆水面的做法是将窝好浆水的芹菜、白菜、芥菜（花辣菜）等浆水菜切碎，投入用葱花、姜片、蒜苗及干辣椒段煸炒出味的热油锅内，加入油炸豆腐丁、浆水及盐，做成臊子后浇在煮熟过凉的手擀面条上即成。

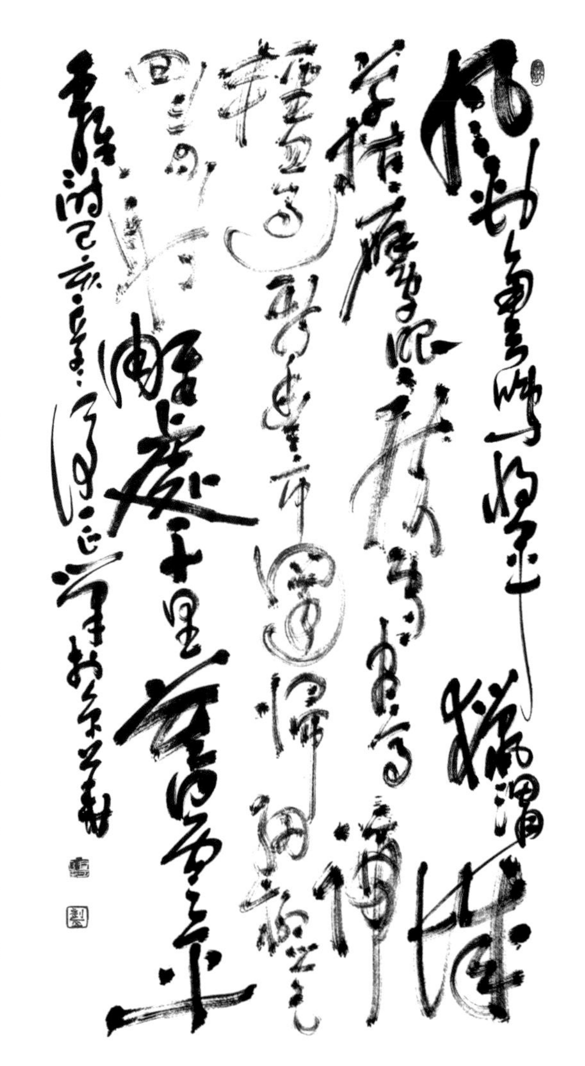

作者草书书法王维《观猎》诗：“风劲角弓鸣，将军猎渭城。草枯鹰眼疾，雪尽马蹄轻。忽过新丰市，还归细柳营。回看射雕处，千里暮云平。王维诗。己亥立冬后，一正笔于京华。”

四、浆水食

浆水不光浇面条吃，亦可搭配任何食材。如用浆水做成面食浇头的有：

拨鱼（面鱼）　削面（面削削）　两掺面

玉米面糊糊　面节节　搅团　鱼鱼（漏鱼）

卜拉子　凉粉　米线　水粑粑等

用浆水、肉、蔬菜和面食制成的有：

面片（揪面）　糁糁糊糊　裤带面　拌汤

酸菜肉末拉条子　抻面等

用浆水与其他食材做成的饭菜还有：

酸稀饭　蒸饭

菜豆腐　酸菜炒米

浆水鱼　浆水豆腐（用浆水点的）

浆水烩饺子（荤素两种）　浆水馄饨等。

这里，特别说一说甘肃省的定西市。定西人的日常饮食生活中离不开土豆和浆水。

定西有句俗语，叫“定西有三宝——洋芋、土豆、马铃薯”。洋芋、土豆、马铃薯是同一种东西，可见，定西人对土豆的热爱程度。

定西盛产土豆，是全国马铃薯三大集中产区之一。甘肃省的马铃

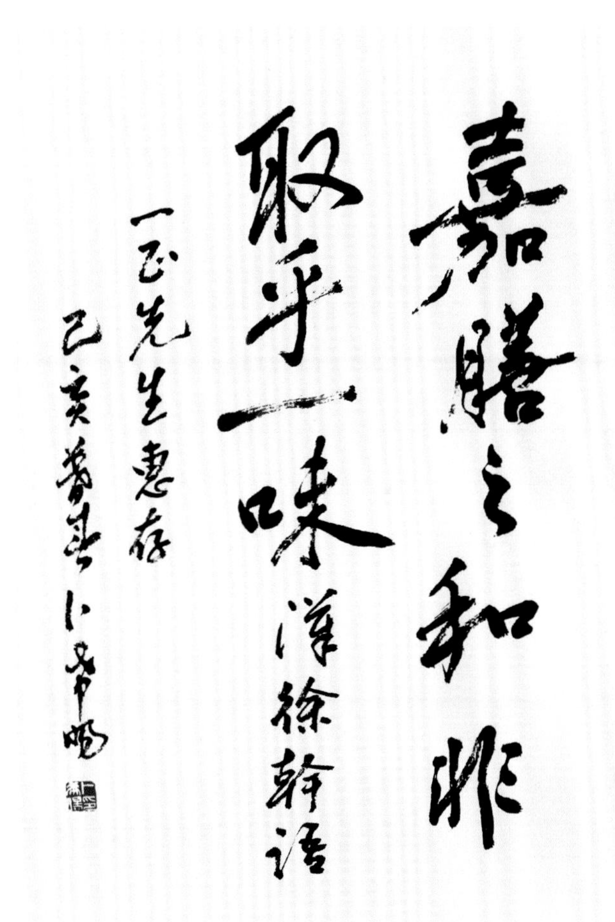

著名学者、书法家卜希旸先生为作者美食著作题词：“嘉膳之和非取乎一味。汉徐幹语。一正先生惠存。己亥暮春，卜希旸。”

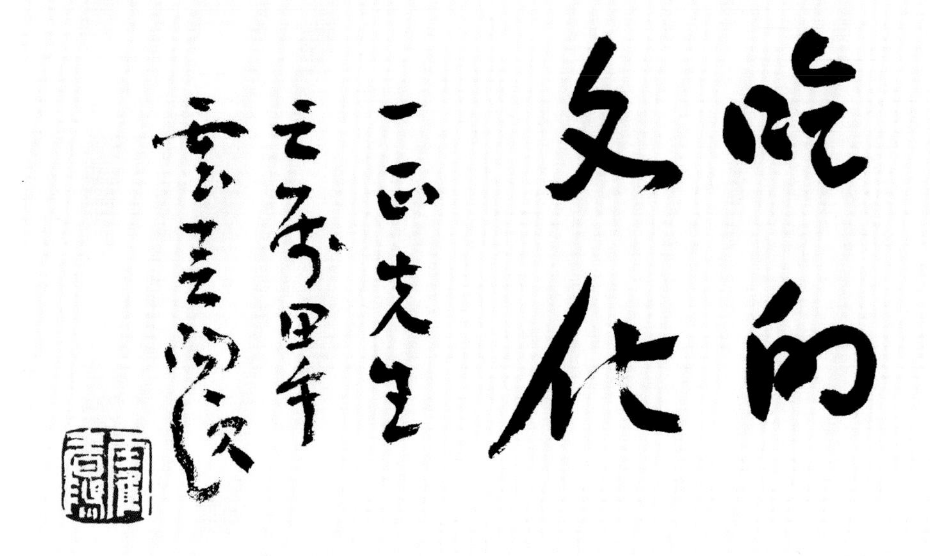

天津市美术家协会第四届副主席霍春阳教授为作者美食著作题词：“吃的文化。一正先生之嘱。甲午，霍春阳题。”

薯产量在全国名列前茅，而定西的马铃薯产量又位于甘肃省前列。

定西产的土豆有黄土豆、红土豆和紫土豆（黑美人）等品种。定西人用土豆做出的美食有很多，如“煮洋芋”“洋芋擦擦”“洋芋搅团”等。

定西人还在一个特定习俗的美食聚会上爱吃土豆，那就是“打平伙”。

打平伙一般在二月二、四月八、五月五、六月六、七月十二、八月中秋、九月重阳、腊月初八等传统节日及庆丰收、平日解馋时举行。

打平伙又叫“把把肉”“份子肉”“凑份子”等。源于清代漳人（漳县，又称“障县”）王宪任河南布政使时，因爱吃家乡美味，自带的盐川厨师又擅长做“把把肉”，王宪就用它宴请同僚，深受大家喜爱，故而“打平伙”就流传下来了。

定西人打平伙的伙食，离不开两样食材：一是羊肉，二是土豆。而洋芋搅

团离不开浆水。

将黄土豆蒸熟去皮，放入类似舂米的捣臼中（无捣臼，亦可用木制的小桶），用捣棒或粗木棍（锤）反复锤捣土豆泥，直至将土豆泥捣成黏稠的泥状，盛入碗中，浇上浆水、辣椒面（油、糊）、腌咸菜、小青菜等蘸浇作料即可。小青菜和咸菜及蘸料可用韭菜、蒜苗、青椒、香菜、葱末、蒜泥等制成。

国学大师钟敬文教授为作者美食著作题词：“有容乃大，无欲则刚。一正先生嘱书。九八叟，钟敬文。”

定西人家家户户几乎必备浆水，犹如四川人之对泡菜，东北人之对酸菜，都是他们割舍不掉的家乡美味（东乡族自治县的浆水搅团及打平伙食俗亦很盛行）。

五、浆水菜

以浆水菜复合而成的食物数不胜举，浆水菜在安康地区被称为“酸菜”，但它与东北的酸菜不同。用浆水菜做饺子是很多人都爱吃的美食，可荤可素。除饺子外，亦派生出浆水菜包子、浆水菜馄饨、浆水菜盒子等；浆水菜还可

做酸菜炒豆腐、酸菜炒粉条、酸菜蒸肉、酸菜豆腐脑、酸菜炒豆芽、酸菜炒鸡蛋、酸菜鸡蛋汤、酸菜肉丝汤等；用浆水菜做成酸菜火锅，也是特色美食。

不光陕南地区的人们嗜食浆水菜，在湖北、四川、重庆等靠近陕南地区周边的人们也有吃浆水菜的风俗。

清光绪三十年（1904年）甲辰科进士、兰州人王烜（1878—1959年，曾任甘肃省文史馆副馆长）在《存庐诗话·竹民诗稿》写道：

本地风光好，芹波美味尝。

客来夸薄细，家造发清香。

饭后常添水，春残便做浆。

尤珍北山面，一吸尺余长。

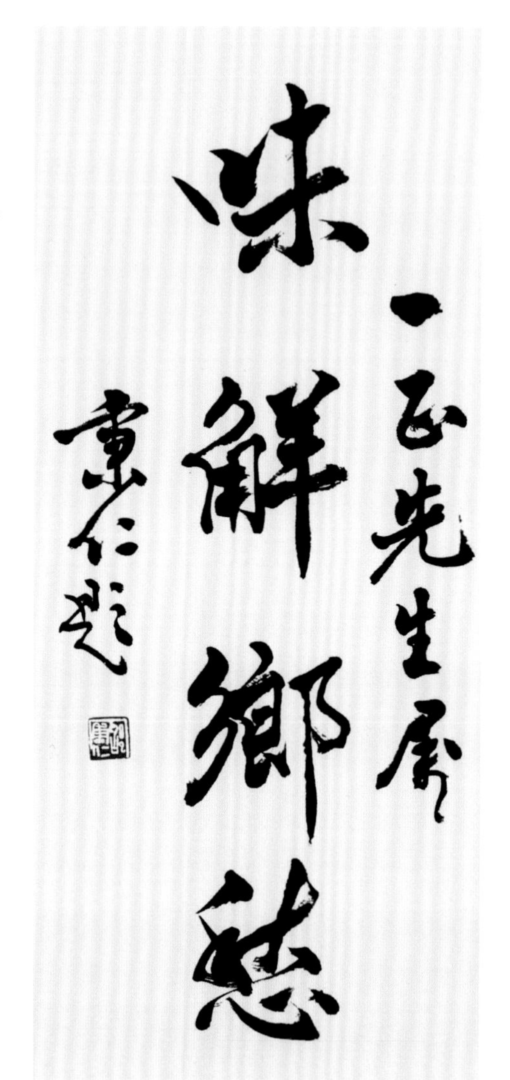

中国书法家协会第五届副主席邵秉仁教授为作者美食著作题词："味解乡愁。一正先生嘱。秉仁题。"

浆水面这种再普通不过的家常饭食，本是平民百姓的果腹之物，却深深包含着"妈妈的味道"，更是在外漂泊游子的一剂可以味解乡愁的"良药"，它也是许许多多普通人儿时的记忆。

兰州是一座以牛肉面而著称的城市，但在夏天，兰州的人们更离不开的是兰州的浆水面。

后记

从2020年1月下旬开始，新冠肺炎疫情逐渐蔓延。为了避免交叉传染，我只好老老实实地“宅”在家里。如何打发在家的时光呢？办法只有一个：找事干。

先是完成拖欠朋友的书画作品债务，随后整理我未出版的近60万字的美食文稿——《仰缶庐谈吃》。当整理到《兰州牛肉面》与《兰州浆水面》文章时，忽想，何不将兰州的两种风味面食合编成一部书呢？想法有了，于是便着手整理文稿，拍照，筛选图片，做出版前的准备工作。

我对兰州牛肉面这味小吃挺有感情的。缘于我家20世纪90年代初开了一家兰州牛肉拉面馆。当时雇有两位拉面师傅，我还很认真地向他们学习过。我抻拉出的面条虽然比不上拉面师拉出的好，但水平也是不错的。一般人也吃不出来究竟是不是拉面师拉的。至于像熬煮蓬灰水、采买牛肉吊汤等类似的活计，我都干过；像炖牛肉吊拉面汤等的技术活还都是我父亲口传心授给我的呢。

一段时间，我正经八百地按时上下班。每天一早我都会雷打不动地吃上一碗兰州拉面，专吃荞麦棱子和韭叶两种规格的拉面，浇上两大勺子的辣子和

醋，呼噜呼噜趁热连汤带面吃完，过瘾！如果评北京的资深“牛大控”，那么我从20世纪80年代末到90年代初就算是了。

兰州牛肉面说一千道一万，好吃的地方还得说是在兰州。兰州牛肉面这个称呼本身就有个地域定语管着呢——兰州！

这本书修修改改历经半年多终于要付梓出版了，刘毕林副总编辑及范立新老师付出了很大的劳作，在此表示衷心地感谢！

十年前由中国社会科学出版社出版的《仰缶庐谈吃》是我为纪念我的父母“无常”十周年而完成的一部著作。

而今这本书的出版也同样以此纪念我父母归真二十周年。

兰州这座吸吮着黄河母亲乳汁慢慢长大的、既传统又现代的文明都市，生活在这里的人们，每一天的早晨都是从吃上一碗牛肉面开始的……

至于兰州的浆水面，更是兰州人割舍不了的、带有乡愁记忆的一味风物美食！

刘一正

2020年9月30日